# 図解 流体工学

望月 修 著

朝倉書店

# はじめに

　流体工学ってなんだろう？　機械のどのようなところで使うの？　何に役立つの？　というような疑問をもちながら授業を受ける人は多いのではないだろうか？　また，授業を受けていて，わからない言葉が洪水のように出てきても，先生はもちろんまわりの同級生たちは皆，そんなことはすでに知っていて当然という顔でいるために，「実質微分」って何？　「流線」というのは何？　「速度ポテンシャル」？　「連続の式」？…「境界層」…？？？？　などを質問できないでいることが多い．実は筆者もそうであった．人に聞けないでいたために実際の意味がわかるのに十数年を要した．

　本書はそんな，誰も教えてくれなかった（誰にも聞けなかった）流体工学における基礎原理を解説してあり，学ぶ側の立場に立って編集してある．また，イラストの助けで流体現象をイメージしやすいよう工夫してある．本書のタイトルを「図解流体工学」とした所以である．

　一般の流体の教科書および授業において，「流体力学」と題しているものでは応用数学の例題となるような理想化された流れの範囲を，「流体工学」と称しているものでは乱流のように理論的に説明が難しい流れ，または損失などといった数学ではきれいに説明できないような現象を含む流れなどの範囲を扱っている．また，流体現象における物理学に興味の中心をおいているものでは「ながれ学」などと称しているものもある．

　筆者は，現実の工学および生活における身近な流れに興味を抱くことが，流体工学を学ぶ出発点だと考えている．興味がわけば，流れを解明し，それを他の問題へ応用できる糸口を見い出せる．実際に使われているものから流体工学を学び，それを実際に使いこなし，さらに発展させて新たな展開へと切り開いていける能力を養うことが重要である．

　将来，エンジニアというよりはデザイナーになりたいという工学部の学生諸君が多い．自由な発想でデザインしたものが世に出ればかっこいいと思っているらしい．そういう諸君には，流れのことを理解すると，もっと良いデザイナーになれるよと勧める．なぜなら，流線型という言葉もあるように，流体工学は流体抵抗を減らすための形状や表面性状を追求する分野であるからである．たとえば，

## はじめに

　空気とか水といった「流体」の中を高速で移動する乗り物の形状，流体を輸送するパイプの摩擦抵抗低減，速度を競うスポーツにおけるウェアの表面性状，またヘルメットなどを含むトータルとしての人体形状，パラシュートのように流れから受ける抵抗力を利用するもの，ハンググライダーのように揚力という流れによる上向きの力を利用するもの，など流体工学はウェアから航空機までいろいろな分野に関わるからである．

　本書は，流体工学がどこに使われ，どのような役割を担っているかという工学上の問題から入り，それらの重要性，使い方を示し，実際に使える道具としての流体工学を習得できるように工夫されている．第1章から第3章まではどうしても理解しておいてもらいたい基本事項であり，それらの意味を理解するだけでも大学における流体の知識としては十分である．工学者としては，第4章および第5章における知識を用いれば物体に作用する流体力の見積もりができ，流体工学の知識を実際に応用することが可能となる．第6章では一般的な流体工学では取り扱わない流体騒音について解説してある．流体騒音が社会的に問題となっているにもかかわらず，平易に解説したものがないためである．空力音について知りたいという学生，大学院生，直面する問題に取り組む実務に携わっているエンジニアにとってのガイドとなる．もちろん実際への応用も可能である．

　本書に一貫して意識されている大テーマは，流体中を運動する物体の抵抗低減である．流体工学者が目指しているものを煎じ詰めればこれにいきつくのである．本書で学んだ学生諸君が将来この問題に取り組もうという意欲がわいてくれれば幸いである．

　1999年11月1日から本書の構成を練り上げ，主に土曜，日曜日に執筆を重ね，2001年7月13日に終了した．記念して日付をここに記す．

　本書の刊行に際しては，朝倉書店編集部の多大なご協力をいただいた．また，本書のイラストのほとんどは筆者によるものであるが，一部は北海道大学大学院工学研究科に在籍していた貴家伸尋君に画いてもらったものもある．また，表紙の図の基となった流れの可視化写真は同研究科の博士課程の佐々木篤史君と柏熊直哉君によるものである．本書の出版までに関わった多くの方々の協力に感謝の意を表する．

　　2002年1月

　　　　　　　　　　　　　　　　　　　　　　　　　　　　望月　修

# 目　次

## 1. な が れ

1.1 流体はどこで，どのように利用されているのか ……………………… 1
1.2 車にみられる流れ ……………………………………………………… 4
　1.2.1 外 ま わ り ………………………………………………………… 4
　1.2.2 車 内 部 …………………………………………………………… 7
1.3 流れる，流すということ ……………………………………………… 8
1.4 流れの状態 ……………………………………………………………… 10
　1.4.1 層流・乱流 ………………………………………………………… 10
　1.4.2 音　　速 …………………………………………………………… 11
　1.4.3 圧 縮 率 …………………………………………………………… 14
コラム① 流線・流跡線・流脈線 …………………………………………… 16

## 2. 流体による力

2.1 圧　力 …………………………………………………………………… 19
　2.1.1 静水圧，大気圧 …………………………………………………… 19
　2.1.2 浮力 (静水圧差) …………………………………………………… 23
　2.1.3 静　　圧 …………………………………………………………… 23
　2.1.4 流動に基づく圧力 (動圧) ………………………………………… 33
2.2 摩　擦　力 ……………………………………………………………… 34
2.3 表 面 張 力 ……………………………………………………………… 36
2.4 質量保存則 ……………………………………………………………… 38
2.5 運動量方程式 …………………………………………………………… 46
2.6 角運動量方程式 ………………………………………………………… 51
コラム② 実質微分 ………………………………………………………… 55

## 3. 流れのエネルギー

- 3.1 熱力学第1法則 ······················································57
  - 3.1.1 流動しない場合 ···············································58
  - 3.1.2 流動を伴う場合 ···············································60
- 3.2 エネルギー式 ························································62
- 3.3 エントロピーと損失 ··················································64
  - 3.3.1 エントロピー ··················································65
  - 3.3.2 損 失 ·······················································66
  - 3.3.3 損失を考慮しない場合のエネルギー式 ··························67
  - 3.3.4 ベルヌーイの式 ················································68
- 3.4 圧縮性流れ ·························································69
- 3.5 準1次元の等エントロピー流れ ········································72
- コラム③ 車の燃費 ························································74

## 4. 物体まわりの流れ

- 4.1 翼まわりの流れ ······················································76
  - 4.1.1 翼形状 ························································76
  - 4.1.2 翼表面に作用する圧力 ··········································77
  - 4.1.3 揚力・抗力 ·····················································78
  - 4.1.4 循 環 ·······················································81
- 4.2 非流線型の物体（鈍い物体）まわりの流れ ·····························83
  - 4.2.1 円柱まわりの流れ ··············································84
- 4.3 3次元性の影響 ·······················································85
- 4.4 境 界 層 ····························································88
  - 4.4.1 境界層方程式 ···················································88
  - 4.4.2 層流境界層 ·····················································90
  - 4.4.3 乱流境界層 ·····················································92
  - 4.4.4 流れ方向の圧力勾配を考慮した境界層 ····························95
- 4.5 後 流 ·······························································97
- コラム④ スカイダイビング ··············································99

## 5. 管路内流れ

- 5.1 送水システム······················································101
- 5.2 管入り口付近における損失·······································105
  - 5.2.1 管入り口付近における流れ·································105
  - 5.2.2 入り口損失······················································107
  - 5.2.3 助走区間における損失······································108
  - 5.2.4 管摩擦損失······················································108
- 5.3 層流・乱流による損失···········································111
  - 5.3.1 層流における壁面せん断応力······························111
  - 5.3.2 乱流における壁面せん断応力······························112
- 5.4 管路における各種損失···········································115
  - 5.4.1 壁面粗さ··························································115
  - 5.4.2 各 種 管··························································117
  - 5.4.3 各 種 部 品·····················································120
- 5.5 管 路 網······························································121
  - 5.5.1 直 列 管 路·····················································121
  - 5.5.2 並 列 管 路·····················································122
  - 5.5.3 3つの貯水槽接合問題·········································123
  - 5.5.4 管 路 網··························································124
- コラム⑤ 加速度······················································126

## 6. 流体騒音

- 6.1 音·····································································128
- 6.2 圧力変化と密度変化···············································131
- 6.3 音速の流体力学的導出············································132
- 6.4 平 面 音 波·······················································133
- 6.5 空力音の発生源····················································136
  - 6.5.1 音 場······························································136
  - 6.5.2 波 動 領 域·····················································136
  - 6.5.3 音 源 領 域·····················································138

6.5.4　音響学における音源 ……………………………………139
　　6.5.5　流れの中にある物体によって発する音 ………………141
6.6　流れと空力音 ……………………………………………………142
　　6.6.1　円柱まわりの流れと音 …………………………………142
　　6.6.2　翼による騒音 ……………………………………………144
　　6.6.3　キャビティ音 ……………………………………………146
　　6.6.4　乱流境界層騒音 …………………………………………148
　　6.6.5　噴流騒音 …………………………………………………149
　　6.6.6　水流騒音 …………………………………………………150
コラム⑥　ソニックブーム …………………………………………151

付　表 …………………………………………………………………154
文　献 …………………………………………………………………155
索　引 …………………………………………………………………156

# 1. ながれ

## 1.1 流体はどこで，どのように利用されているのか

我々に身近な流体といえば，図1.1に示すような流れにおける空気や水が挙げられる．また，図1.2に示すような二酸化炭素，窒素，油，海水，ビール，ジュース，血液，チューブに詰められた接着剤・歯磨き，塗料，水あめ，溶けた鉄・プラスティック，アスファルト，マグマ，大地（プレート），…などを思い浮か

図 1.1 空気や水を流体という

図 1.2 いろいろなものが流体とみなせる

べられれば通（expert）である．ここに挙げた「流体（fluid）」の中には常識的な流体として納得できるものもあろうが，アスファルトや大地などのように流れるイメージがないものもある．しかしこれらもれっきとした流体である．実は，もっと拡大すれば，車の流れ，人の流れ，お金の流れ，歴史の流れ，時間の流れなどと表現するように，車，人，お金，歴史，時間なども「流体」として扱えるかもしれない．

　生活に密接に関わる自然の流れとして，風，川の流れ，海流などがある．これらは太陽熱をエネルギー源として生じる流れであり，地球全体の気象現象に影響する．これらを利用する風力発電，水力発電，潮力発電などでは，流れのもつエネルギーを効率よく取り出す知識が必要となる．

　日常，直接利用している流れには，水道管の中における水の流れ，空調機器，扇風機や団扇（うちわ）などによる空気の流れなどがある．また，あまり積極的な意味で流れを作るという意識はないが，ヘアドライヤとか洗濯機，掃除機でも流れを作り，利用している（図1.3）．

　スポーツと流れの関係は非常に深い．近年ではこのことを知らないと良い記録が出せないし，勝てない．人間が速く走ったり，泳いだり，滑ったり，遠くへ飛んだり，ものを飛ばしたり，といったことを行うには，空気や水の中の移動に対する抵抗を小さくしたり，逆に大きくしたりする技術を知らなければならない．たとえば，ウェアの表面性状を工夫することで抵抗を減らし，記録の更新に役立つことはオリンピックの水泳，陸上競技で実証されている．逆に，図1.4に示すように，スキーのジャンプ競技では抵抗の増加が飛距離の増加に結びつく．自転車競技やスキーの滑走ではヘルメット形状を工夫し，体型全体で抵抗が小さくなるように工夫して100分の1秒にしのぎを削る．また，集団における走りでは，集団としての空気抵抗低減は個々人それぞれにおける体力消耗を防ぐことになるので，持久戦では重要な問題である．

　生物でも流れを利用している．たとえば，図1.5に示すように鳥は自ら空気の流れを作り揚力を得て飛べるし，魚は尾鰭でジェット（噴流）を発生させその推進力で移動できる．何種類かの植物の種は空力的に遠くへ飛べるような形状をもつものもある．植物の幹の中には，導管，師管といった水や栄養分が流れる管もある．動物では血液やリンパ液などが流れる循環器系の流れによって，生命を維持している．

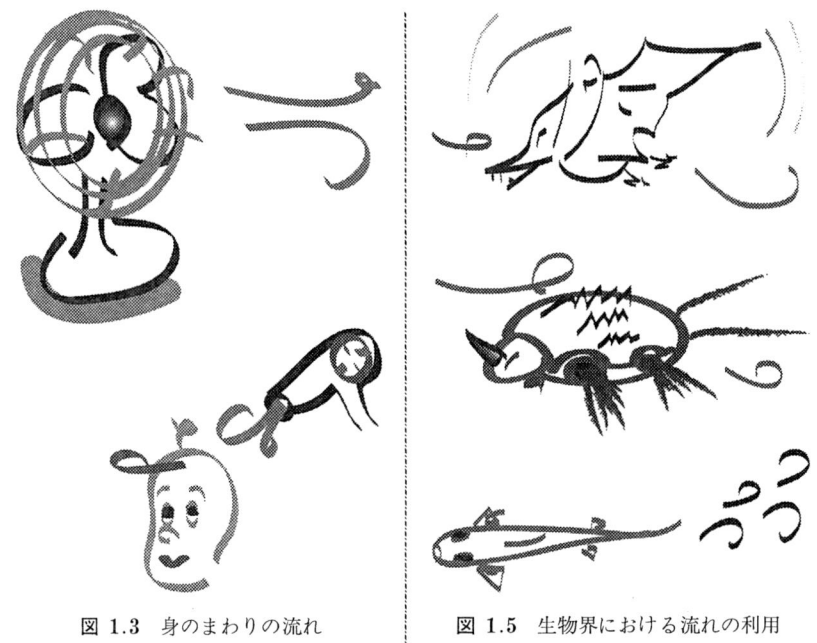

図 1.3　身のまわりの流れ　　　図 1.5　生物界における流れの利用

図 1.4　スポーツにおける記録更新のためには流れを知る必要がある

　流れを利用している機械の代表として，航空機，ロケット，船などを思い浮かべられるであろう．もちろんこれらは総合的な機械であるから，流れだけが関与するわけではないが，流れの特性を活かしたものであるといえる．車や列車などにも流れが関与する．車に関しては1.2節で詳しく述べる．新幹線のように高速

で走る列車において，空力特性は省エネルギーの点で重要である．また，トンネルへ入るときに生じる衝撃波の問題，パンタグラフや換気用ルーバにおける空力騒音の問題において流れが深く関わっている．乗り物の内部においても，燃料輸送系（ポンプ，管路），燃料噴射，空調などで流れは重要な役割を担っている．

## 1.2 車にみられる流れ

### 1.2.1 外まわり

走っている車に乗っているとき，窓から手を出せば風を感じることができる．逆に，強い風が吹いているときに止まった車の窓から手を出しても，先ほどと同様，風を感じることができる．このように車の中にいる人（車と同じ速度で動いている人）が目を閉じた状態で風を感じるとき，車が動いているのか止まっているのかは区別できない．どちらにしても，物体と流体との間に何らかの速度差があれば，その物体まわりには流れがあると表現する．

車まわりの流れの様子を観察して見よう．図 1.6 にそれを示す．図中の番号に対応する流れの呼び方と概略を以下に示す．

① ［一様流］車に向かう速度が流れに直角な断面内でどこでも同じ流速の流れ．（第 3 章）
② ［近寄り流れ，よどみ流れ］車の先端に近づくと速度が減少する領域における流れのことを指し，物体にぶつかったところにおいて流速が 0 となる．

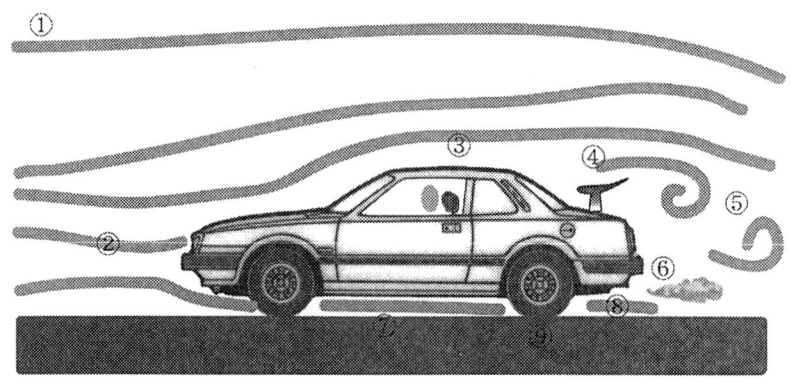

図 1.6　車まわりの流れの様子

なお，その位置をよどみ点という．（第3章）
③ ［境界層（乱流境界層）］車の表面にへばりつくように流れる流れで，物体から離れたところを流れる主流速度に比べて遅い速度を示す薄い層内の流れ．その部分が乱れていると乱流境界層と呼ぶ．（第4章）
④ ［翼まわりの流れ］リアウィングに沿って流れる流れ．これによって下向きの力を生じさせる．（第4章）
⑤ ［後流］車の後端から剥がれた流れが作る低速の領域における流れ．通常，大きな渦が生じ，乱れている．（第4章）
⑥ ［噴流（間欠噴流）］排気管から噴出する流れ．エンジン回転数に応じて周期的に噴出するものを間欠噴流，これに対し一定速度で噴出するものを単に噴流と呼ぶ．
⑦ ［隙間流れ（クウェット流れ）］車の底面と路面の隙間における流れ．粘性が支配的な流れである．（第5章）
⑧ ［ディフューザ流れ］車の底面と路面の隙間の間隔が下流方向に徐々に広がっていく通路内の流れ．（第5章）
⑨ ［円柱まわりの流れ］流線型ではない物体（これを鈍い物体という）における剥離を伴う流れ．騒音・抵抗増加の原因となる．（第4章，第6章）

**流脈線**（streak line）　図1.6中の線は，車の上流に設置したいくつかの管から噴出させた煙が流れに乗って描く線を示したものである．これらの煙が描く線を流脈線という．これによって，大まかな流れ場の様子がわかる．たとえば，車から最も遠くを流れる煙①は車の存在によってそれほど大きく曲がることもなく流れ去っている．この煙の線より車に近い線は車の形状における凹凸の影響を受け，曲がりくねりが多い．車のごく近くを流れる煙③は車の表面に沿って流れている．しかし，車の後端の角では慣性のために流れは急に曲がりきれず，そのまままっすぐ後方へ流れ去る．壁に沿わない流れを剥離といい，沿わなくなった位置を剥離点という．煙線②は車の前面にぶつかっている．その点では流れ方向の速度成分を失うので，そこをよどみ点という．車の下にもぐり込んで流れる煙線は上下の壁面の間を比較的まっすぐに流れている．車の後ろの領域では，煙は渦を巻いていることがわかる．

このように，ある瞬間，どこがどのように流れ，また，どこが乱れているか，

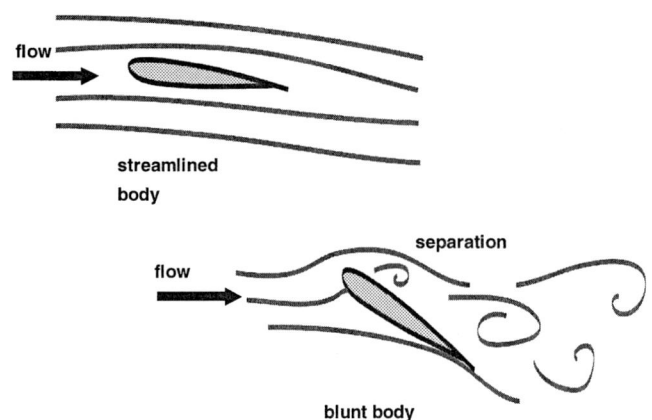

図 1.7 流線型も場合によってはにぶい物体となる

剥離しているか，渦を巻いているか，などといったことが一目で把握できる．これらの詳細を調べ，たとえば抵抗を減らすとか，乱れないようにするというような対策を立てることが流体工学に携わる者の課題である．

　先に示した図1.6における煙の線を一般的に流線（stream line）と呼ぶことがあるが，それは流れが時間的に変化しない，いわゆる定常状態のときには正しい．しかし，これはあくまでも流脈線であることに注意する．2.4節で流線のことを詳しく述べるが，それは流れ場において，「瞬間的」に取られた速度ベクトルをスムースに結んだ線のことである．したがって，文字から受けるような流れるという印象はなく，瞬間的に固定された流れ場を表現するものである．定義から，流線上の速度ベクトルはその点における接線方向を向いている．したがって，流線を横切る流れは存在しない．拡大解釈すれば，壁面に沿う流れにおいて，もし，壁面に浸透したり，壁面から染み出したりする流れがなければ，その壁面は流線ということになる．その意味では穴が開いていないホースは流線型である．なぜなら，そのホース内の流れは壁面に平行（接線方向）に流れているからである．流線とみなせる壁面をもつ物体を流線型という．したがって，図1.7に示すように，流線型物体では流れは常に壁面に沿って流れる．しかし，もともと流線型物体であっても剥離が起こればその時点で流線型物体ではなくなる．

　ちなみに，流れ場を示す線には，上述の流脈線，流線のほかに流跡線というものもある．これはある着目する粒子の軌跡を表すものである．

## 1.2.2 車内部

車の内部における機械要素を模式的に**図1.8**に示す．図中の番号に対応する流れの呼び方と概略を以下に示す．

① パイプ内流れ（第5章）
② ポンプ内流れ（第2章）
③ ファンまわりの流れ（第4章）
④ 圧縮, 吸込み流れ（第3章）
⑤ 膨張, 吹出し流れ（第3章）
⑥ 容器内流体振動（第2章）
⑦ 膨張・圧縮（第2章），燃焼を伴う流れ（第3章），燃料噴射，気液2相流
⑧ 膨張, 複雑流路内流れ（第2章，第5章）
⑨ 細管内流れ，分岐管流れ（第5章），気液2相流

**図1.9**に示すように，ブレーキ系やパワーステアリング系には油圧機器が用いられる．これにはいわゆるパスカルの原理が適用され，小さな力で大きな力を生むことができる．この装置の内部では基本的には流れを伴わないので，2.1.3項で述べるような静止した流体内における圧力だけが利用されている．

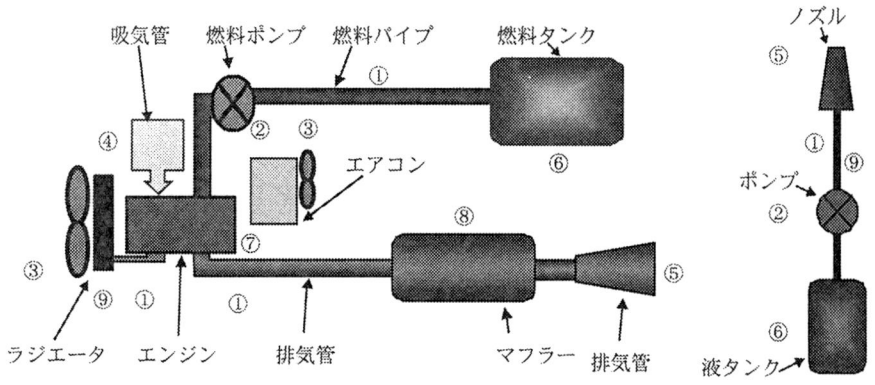

図 1.8 車を動かすのに用いられる流れ

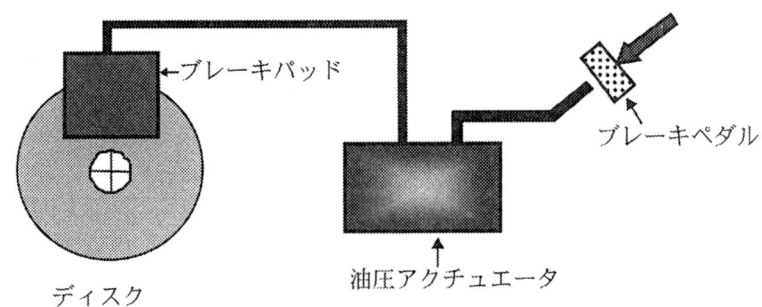

図 1.9 流体の力を利用したブレーキシステム

## 1.3 流れる，流すということ

　流れるとか流すという言葉を当然のように用いてきたが，それらはどういうことなのだろうか．車の例でいえば，車を走らせることでそのまわりに流れを作ることができた．逆に，車を静止させておいて，その前に大きな扇風機のような風を作る装置で風を起こさせても車が走っているときと同じような状況を作り出せる．いずれにしても，風（つまり空気の移動）を作るには動力（エネルギー）が必要である．

　なにもしなくても川は流れているではないか，と思うかもしれない．この場合，人工的に加えた動力ではなく，高低差という位置エネルギーが流体が流れるエネルギーとなっている．一方，台風のように，気象現象として風が吹くのはどうしてかというと，やはりこれも空気の密度差（高気圧・低気圧）に基づく位置エネルギーが源となっている．その密度差を生じさせるのは地表の温度差であり，その差がついたのは太陽からの熱エネルギーに起因する．図 1.10 に示すように，川の水を山の上にもち上げるのも，空気に密度差をつけるのも，海流を生じさせるのも，太陽の熱エネルギーである．

　人工的に流れを作るにはどうするか？　図 1.11 に示すように運動する流体がもつエネルギーの形態は，分子の運動エネルギーなどに起因する内部エネルギー (internal energy)，位置エネルギー (potential energy)，運動エネルギー (kinetic energy) である．これに対して外部から流体に加えられるものに，圧力による仕事 (work) と熱エネルギーがある．エネルギー保存法則によれば，

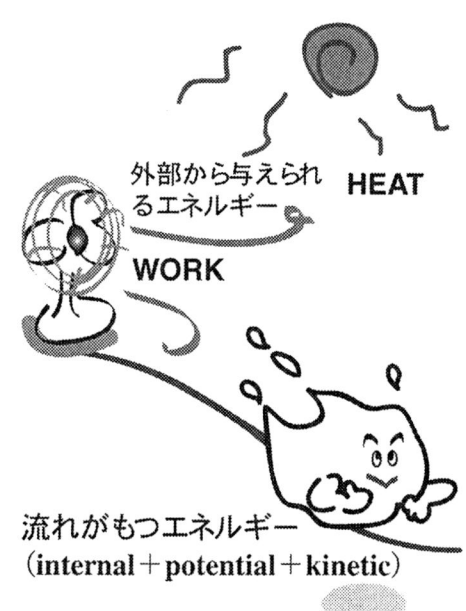

図 1.10　太陽が地球規模の流れを引き起す　　　図 1.11　流れのエネルギー形態

　流体のもつエネルギーと外部から加えられるエネルギーの総和（総エネルギー，全エネルギー）は常に保存される．したがって与えられた総エネルギーがどの項にどれだけ配分されるかが問題となる．したがって，たとえば運動エネルギーが増加すれば他のエネルギーは減少しなければならない．先の例でいえば，高いところから流れ落ちる水は位置エネルギーを失いながら運動エネルギーを得て流れることになる．もちろん，圧力差を与えることで，水や空気に流れを生じさせることもできる．上昇気流やお風呂を沸かしたときにみられる対流のように，熱エネルギーを与えて流れを作ることもできる．

　流れの何を調べ，解決し，利用することが流体工学なのか？　調べるものは，流れの状態（層流，遷移，乱流），速度場，圧力場，密度場，温度場，流れの構造（渦），などである．その方法は実験的でも数値解析的でも，理論的でもよい．損失を見積もったり，また抵抗，揚力といった物体に作用する力を知り，それらを利用・制御することが流体工学の課題である．また，流れからエネルギーをいかに取り出し，利用するかという問題を扱うのも流体工学である．流れからエネ

ルギーを取り出す装置が翼である．これを利用するポンプ，水車・風車，送風機，圧縮機，タービンなどを総称して流体機械と呼ぶ．したがって，流れを作ったり，流れから力やエネルギーを受け取ったりするときに用いる流体機械システムの効率を上げる工夫をすることも流体工学の重要な課題である．

## 1.4 流れの状態

### 1.4.1 層流・乱流

図1.12に示すように，出口付近で滑らかに立ち上った煙突の煙が，途中から乱れ，複雑な線を描いている．水道の蛇口から出る水の状況もこれとよく似ている．常に滑らかな線を描いて流れる状況を「層流（laminar flow）」，複雑な状況を「乱流（turbulent flow）」，層流から乱流へ移り変わるときを「遷移」と呼んでいる．層流ではある点におけるある時刻の速度を予測することができるが，乱流ではそれができない．このため，乱流では物理量の時間平均特性を調べることになる．このような流れの状況変化は，管内の流れ，物体壁面近くの流れ（境界層流れ）などのせん断流れにおいてみられる．したがって，一様速度分布をもつ流れではそのような変化は現れない．また粘性の影響がこのような流れの状況を決定する重要な要因であるので，非粘性である完全流体ではこのような変化は現れない．

　実際の流れでは，粘性の影響を考慮しなければならないものが多い．したがって，流れにおける粘性の影響を表す指標が必要となる．これによって流れがどのような状況であるのかを把握できる．そのために，流体工学では次に示すレイノルズ数（Reynolds number）という慣性力と粘性力の比を表す無次元数を明記する習慣になっている．これが流れの状況を示す指標となるからである．すなわち，

$$Re = \frac{UL}{\nu} \tag{1.1}$$

である．ここに，$U$は流れの代表速度，$L$は流れの代表寸法（パイプの直径，翼のコード長，円柱の直径など）である．また，$\nu$は流体の動粘性係数で，次のように定義されるものである．

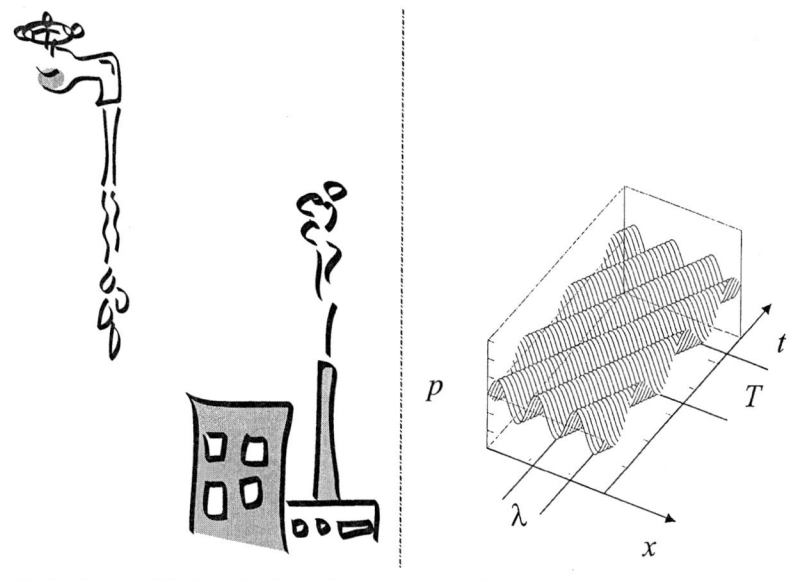

図 1.12　水の流れと空気の流れに見られる層流と乱流

図 1.13　音波の波長と周期

$$\nu = \frac{\mu}{\rho} \quad [\text{m}^2/\text{s}] \tag{1.2}$$

ここに，$\mu$ は粘性係数 [Pa·s]，$\rho$ は密度 [kg/m³] である．

　レイノルズ数が大きいということは粘性力に比べ慣性力の影響が大きいことを表し，レイノルズ数が小さいときにはその逆の関係となる．

　第5章で示す管内流れにおいては，管の直径を代表寸法に選び，平均流速を代表速度とした場合，レイノルズ数が約 2300 より大きいと乱流，それより小さいと層流であることがわかっている．このレイノルズ数を臨界レイノルズ数と呼ぶ．いろいろな流れの形態，たとえば境界層流れとか噴流といった流れの違いによって，臨界レイノルズ数の値は異なる．

### 1.4.2　音　速

　流体中の微小圧力変化が伝わる速度 $a$ を音速（speed of sound）という．音の振幅は図 1.13 に示すように，時間的にも，空間的にも周期的に変動している．空間における周期変動の1周期を $\lambda$，時間変化における1周期を $T$ と書き，変動の振幅を $P_a$ とすると音圧変動は次式のように表される．

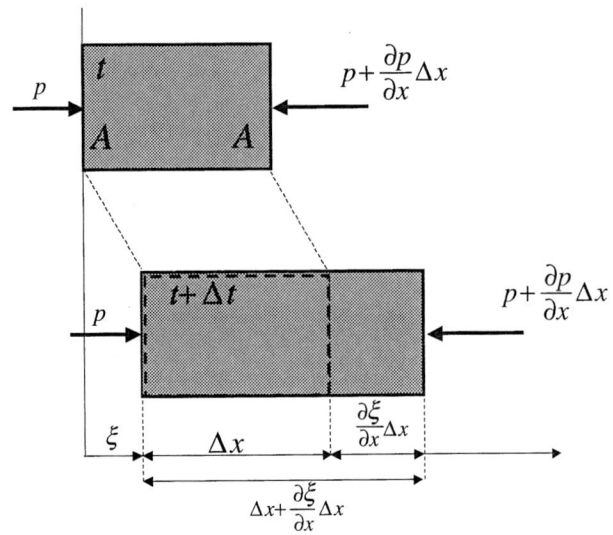

図 1.14　流体要素の伸縮が音波となる

$$p(x, t) = P_a \sin\{2\pi f(t - x/a) + \phi\}$$
$$= P_a \sin\{(\omega t - kx) + \phi\} \quad (1.3)$$

ここに，$\omega$ は角振動数 [rad/s] で，周波数 $f$ [1/s] との間には $\omega = 2\pi f$ の関係がある．また，$\phi$ は位相差である．この sin 波は，時間の経過とともに空間座標の $x$ の正方向に進行する．図 1.13 から，波形の極大値（極小値）を連ねた山脈（谷間）の時間軸（$t$ 軸）に対する傾き $\lambda/T$ が，この波の進行速度 $a$ であることがわかる．すなわち，

$$a = \frac{\lambda}{T} \quad (1.4)$$

である．なお，$f = 1/T$ から，式 (1.4) は次のように書ける．
$$a = f\lambda \quad (1.5)$$

標準状態における空気中の音速は約 340 m/s と一定であるから，周波数が高い（低い）と波長は短い（長い）ことがわかる．

音速をどのように見積もればよいのであろうか？ $x$ 軸に沿った，底面積 $A$ である円筒形の流体要素に，微小圧力が作用した状況を考えてみよう．その様子を図 1.14 に示す．はじめ，時刻 $t$ では長さ $\Delta x$ の円筒状流体要素が，$\Delta t$ 後にほんのわずか $\xi$ だけ移動し，その際わずかな長さ $(\partial \xi/\partial x)\Delta x$ だけ伸びたとする．

その結果，全体として $\varDelta x+(\partial\xi/\partial x)\varDelta x$ の長さになる．ただし，そのときに両面にかかる圧力は伸びる前と同じであるとする．

　圧力が作用することによる流体要素の変形がフックの法則（Hooke's law）に従うものとする．フックの法則とは，単位面積当りに作用する力の大きさが物体の伸びた割合に比例するというものである．この関係を圧力 $p$ が作用する流体要素の伸びに適用すると，

$$-p=K\frac{\{\varDelta x+(\partial\xi/\partial x)\varDelta x\}-\varDelta x}{\varDelta x}=K\frac{\partial\xi}{\partial x} \tag{1.6}$$

となる．左辺の圧力に付いている負符号は，圧力が増加すると流体要素は縮み（長さは減少し），逆に圧力が減少すると流体要素は伸びる（長さは増加する）というように，圧力の増減と流体要素の長さの増減が反対の関係であることを表す．ここに，$K$ は比例定数である．これは，$\varDelta p$ の圧力が作用して，体積 $V$ が $\varDelta V$ だけ変化したときの体積弾性率 $K=-\varDelta p/(\varDelta V/V)$ [Pa] を表す．

　圧力の時間的変化を調べるために，式 (1.6) の両辺を時間で微分しておこう．すなわち，

$$-\frac{\partial p}{\partial t}=K\frac{\partial^2\xi}{\partial t\partial x}=K\frac{\partial u}{\partial x} \tag{1.7}$$

ここに，$u=\partial\xi/\partial t$ であり，流体要素が微小距離 $\xi$ を移動する速度である．

　次に，両面の圧力差によってこの流体要素が加速されることを考えよう．すなわち，流体要素の質量を $\rho A\varDelta x$，流体要素が圧力 $p$ に押されて $\xi$ だけ移動したときの加速度は $\partial^2\xi/\partial t^2$ であるから，

$$\rho A\varDelta x\frac{\partial^2\xi}{\partial t^2}=pA-\left(p+\frac{\partial p}{\partial x}\varDelta x\right)A=-\frac{\partial p}{\partial x}\varDelta xA$$

$$\therefore\quad \frac{\partial p}{\partial x}=\rho\frac{\partial^2\xi}{\partial t^2}=\rho\cdot\frac{\partial u}{\partial t} \tag{1.8}$$

ここで，式 (1.7) を $t$ で，式 (1.8) を $x$ で微分し，両者を整理すると，次のような圧力に関する波動方程式が得られる．

$$\frac{\partial^2 p}{\partial x^2}=\frac{\rho}{K}\frac{\partial^2 p}{\partial t^2} \tag{1.9}$$

なお，式 (1.9) の解の1つは式 (1.3) で表される．式 (1.9) における $\rho/K$ を，

$$\frac{\rho}{K}=\frac{1}{a^2} \tag{1.10}$$

表 1.1 音 速

| | ヤング率 $E(\times 10^{10})$ [Pa] | ずれ弾性率 $G(\times 10^{10})$ [Pa] | 体積弾性率 $K(\times 10^{10})$ [Pa] | 圧縮率 $\beta(\times 10^{-11})$ [1/Pa] | 密度 $\rho$ [kg/m³] | 音速(縦波) $a, a_1$ [m/s] | 横波 $a_2$ [m/s] |
|---|---|---|---|---|---|---|---|
| 鋼 | 20.8 | 8.10 | 16.8 | 0.60 | 7860 | 5950 | 3240 |
| アルミニウム | 7.03 | 2.61 | 7.55 | 1.33 | 2690 | 6420 | 3040 |
| ガラス | 7.13 | 2.92 | 4.12 | 2.40 | 2500 | 5100 | 2840 |
| 水(20℃) | | | 0.22 | 45.0 | 1000 | 1500 | |
| 二酸化炭素(0℃) | | | | | 1.98 | 263 | |
| 空気(20℃) | | | | | 1.21 | 343 | |
| 水蒸気(20℃) | | | | | 0.60 | 405 | |
| 水素(0℃) | | | | | 0.09 | 1270 | |

と書き表したとき，$a$ が音速を表す．

これからわかるように，音速は物体の密度および体積弾性率に関係することがわかる．したがって，固体，液体，気体にかかわらず，それらが与えられれば，その性質の媒質内における音速が求められることになる．表 1.1 に代表的物質の密度，体積弾性率，それらから見積もった音速を示してある．固体中における縦波の速度 $a_1$，および横波の速度 $a_2$ は次式で与えられる．固体中の疎密変化である縦波が起こると，体積弾性による変形（圧縮・膨張）と同時に，ずれ弾性変形（せん断変形）も生じるので，それを加味して

$$a_1 = \sqrt{\left(K + \frac{4}{3}G\right)\Big/\rho} \tag{1.11}$$

のように表される．ここに，$G$ [Pa] はずれ弾性率（剛性率）を表す．また，体積変化を伴わないせん断変形だけの波（横波）の伝わる速度は，

$$a_2 = \sqrt{\frac{G}{\rho}} \tag{1.12}$$

で表される．これらの式は式 (1.10) と同じ形をしていることがわかる．

### 1.4.3 圧 縮 率

ある体積 $V$ の流体要素に作用する圧力が $\Delta p$ だけ変化したとき，体積が $-\Delta V$ だけ変化したとしよう．ここに，負符号は圧力が増加（減少）すると体積は減少（増加）することを表す．そのときの体積変化割合は次式で表される．

$$\beta = -\frac{1}{V}\frac{\Delta V}{\Delta p} = \frac{1}{\rho}\frac{\Delta \rho}{\Delta p} = \frac{1}{K} \tag{1.13}$$

これを圧縮率と呼ぶ．圧縮率は体積弾性率の逆数であることがわかる．式 (1.10) で与えられる音速にこれを代入すると，

$$a = \sqrt{\frac{1}{\beta \rho}} = \sqrt{\frac{dp}{d\rho}} \qquad (1.14)$$

のように表現できる．ただし，式 (1.14) に現れる $\Delta p/\Delta \rho$ を $dp/d\rho$ と書き変えた．この式より，音速は圧縮率および圧力変化と密度変化の比に関係することがわかる．

等エントロピーの条件であれば，圧力と密度の関係は $p/\rho^\gamma = $ const. と表せる．ここに，$\gamma$ は比熱比である．この関係を式 (1.14) に代入すると，

$$a = \sqrt{\frac{\gamma p}{\rho}} \qquad (1.15)$$

また，状態方程式 $p = \rho RT$ から，式 (1.15) は次のようにも表現できる．

$$a = \sqrt{\gamma RT} \qquad (1.16)$$

これから，音速は温度の関数でもあることがわかる．環境の温度が高い方が音速は速く，温度が低いと音速は遅くなる．次に示す流れの速度と音速の比であるマッハ数（Mach number）は音速に依存するので，たとえば，航空機が地上付近と上空で同じ速度で飛んでいても，上空では気温が低いために音速が遅く，したがってマッハ数は大きくなることになる．

ここで，流速 $U$ と音速 $a$ の比であるマッハ数 $M$ は次のように表される．

$$M = \frac{U}{a} \qquad (1.17)$$

空気の圧縮性を考慮に入れなければならなくなるのは，$M > 0.3$ の場合である．標準大気であれば，時速約 360 km 以上の速度に対応する．

マッハ数の別な物理的解釈を考えよう．流線に沿って流れているときの流体要素が単位質量流量当りにもっている運動エネルギーは $U^2/2$ であり，内部エネルギーは $e = c_v T = RT/(\gamma - 1)$ である．それらの比を式 (1.16) の音速の関係を用いて表すと次式のようになる．

$$\frac{U^2/2}{e} = \frac{\gamma}{2} \frac{U^2}{a^2/(\gamma - 1)} = M^2 \frac{\gamma(\gamma - 1)}{2} \qquad (1.18)$$

すなわち，流体要素のもつ運動エネルギーと内部エネルギーの比は $M^2$ に比例することがわかる．このことから，マッハ数は力学的エネルギーと熱エネルギー

(内部エネルギーで表された分子運動)の割合を表しているともいえる.または流体運動の一定方向を向いた規則性と分子運動における運動方向のランダム性の割合を表しているとも解釈できる.

等エントロピー流れでは密度変化はマッハ数の関数として次式のように表される.

$$\frac{\rho_0}{\rho} = \left(1 + \frac{\gamma-1}{2} M^2\right)^{\frac{1}{\gamma-1}} \tag{1.19}$$

ここに,$\rho_0$ は基準の密度である.この式より,マッハ数が 0.3 より小さい場合,密度の変化が 5% 未満であることがわかる.この場合における流れを非圧縮性の流体として扱うと約束する.

コラム ①

___

**流線・流跡線・流脈線**

**流線** (stream line):ある時刻 $t_m$ における瞬間流れ場を見てみよう.図 1 のように流れの可視化のために入れたトレーサーとしての微小粒子が流れ場全体に広がって分布しており,この瞬間,それぞれの粒子が矢印で表された速度ベクトルを示しているとする.この場の中に,それぞれの速度ベクトルの方向を接線方向とする線が図に示した線のように描けたとする.この線を流線と呼ぶ.したがって,粒子の位置における線の傾きと速度ベクトルが一致するので,2 次元の流れでは,

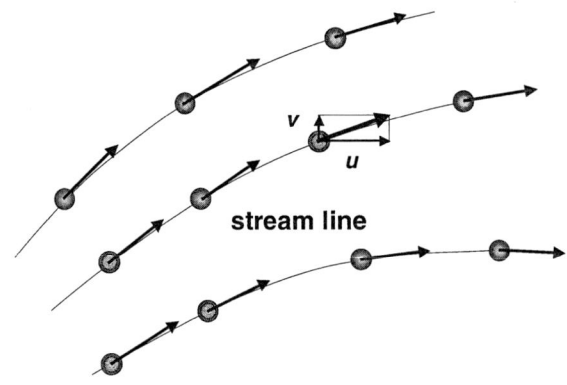

図 1 流 線

$$\frac{dy}{dx} = \frac{v}{u} \tag{1}$$

と表される．流れ場の流速が位置の関数としてわかっていればこの式を積分することによって，流線を表す式を求めることができる．

**流跡線**（path line）：図2に示すように，ある一点（dischargerの位置）から，流れにトレーサーとしての微小粒子を $P_1$ を流れ場に入れたとする．この粒子が，ある時刻 $t_1$ に図に示す位置にいて，$u, v$ をそれぞれ $x, y$ 方向の速度成分とする速度ベクトルを示しているとする．この粒子が流れ場に注入されてからたどってきた道筋を流跡線と呼ぶ．図2にはそれを破線で示している．この粒子 $P_1$ は時刻 $t_m$ には，破線で示した矢印の先端位置まで移動している．2次元の流れであるとして，この粒子の速度成分は位置の関数として次のように表される．

$$u(x, y, t) = \frac{dx}{dt}, \quad v(x, y, t) = \frac{dy}{dt} \tag{2}$$

これらを初期値 $(x_0, y_0, t_0)$ から，時間について積分し，時間項を消去することによって，流跡線を表す $y = f(x, t)$ を求めることができる．

**流脈線**（streak line）：図2に示すように，ある一点から，ある時間刻みでトレーサー粒子を流れ場に注入したとする．この放出器（discharger）の粒子放出方向が時々刻々変化したとする．これはこの点における流れの方向が時々刻々変化したことに対応する．ある時刻 $t_m$ において，これまで注入された粒子が図2に示すように並んでいたとする．これらの粒子を1本の線で結んだとき，その線を流脈線という．図2からわかるように，流脈線が表す方向と粒子の示す速度ベクトルの方向とは必ずしも一致しない．流脈線を表す $y = f(x, t)$ は，式（2）から求めた $t = t_m$ における粒子の座標から求めればよい．

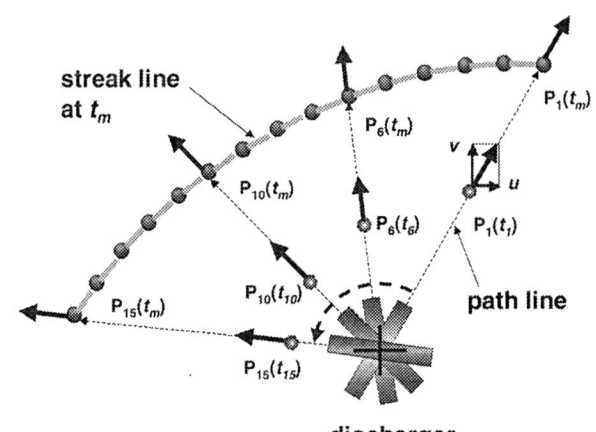

図2　流跡線と流脈線

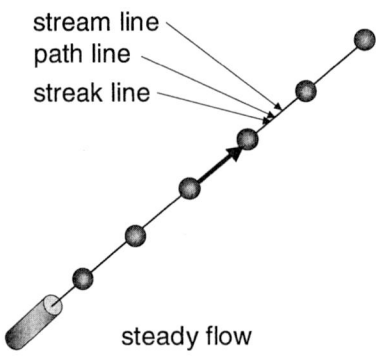

図 3　定常流ではすべての線が一致する

なお，定常流では図3に示すように，流線，流跡線，および流脈線のすべての線が一致する．

# 2. 流体による力

## 2.1 圧　　力

密閉した空のドラム缶を深海に沈めたら図 2.1 に示すようにペチャンコにつぶれてしまう．「水圧」のためである．人間にも「あの人はプレッシャーにつぶされた」などと用いる「圧力」とか「プレッシャー（pressure）」とは何であろうか？　物理学では物体表面に垂直に作用する単位面積当りの力を圧力という．したがって，次のように表される．

$$p = \frac{F}{A} \quad [\text{N/m}^2] \tag{2.1}$$

ここに，$F$ [N] は表面に垂直に作用する力，$A$ [m$^2$] はその力が作用している面積である．単位の [N/m$^2$] を [Pa] と書き，それをパスカル（Pascal）と呼ぶ．式 (2.1) で表される圧力は材料力学における垂直応力の定義と同じである．この式における力はたとえば空気入れで注入した圧縮空気によってタイヤの内部表面に力を加えようが，対象とする物体表面に重い物をおいてその物体表面に力を加えようが何も限定してはいない．単に，単位面積に作用する力の大きさを圧力と呼ぶ．

### 2.1.1　静水圧，大気圧

力を加えるものが「流体の重さ」であるとき，それが作用する単位面積当りの圧力を流体の名前をつけて次のように呼ぶ．すなわち，水であればそれによる圧力を「水圧」，血液であれば「血圧」，油であれば「油圧」，空気（大気）であれば「気圧（大気圧）」と称する．

普通に生活してるときには大気圧を感じることはないであろうが，我々はいわ

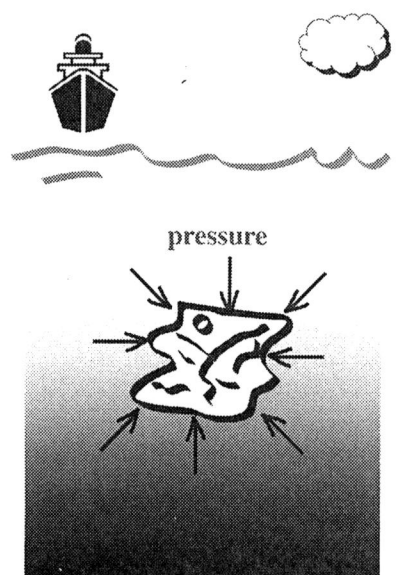
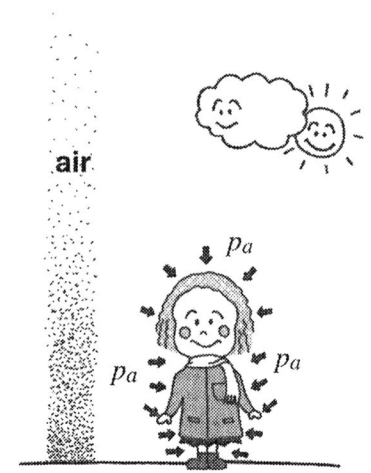

図 2.1 水圧につぶされるドラム缶　　図 2.2 空気の圧力が体全体にかかっている

ば空気の貯蔵庫の底に住んでいるので，実は，図 2.2 に示すように空気の重さ[N] による力を体全体に受けている．しかし，この重さによって押しつぶされないのは体内も外と同じ圧力になっているため外と内とでバランスしているからである．山へ登ったときとか，飛行機の中で気圧が変わったときに耳がツーンと痛くなる．これは体内の気圧と外部の気圧の差を耳の鼓膜のところで感じているからである．体の内部が地上における大気圧に設定されたまま，空気の薄い（体にかかる気圧が小さくなる）ところへ急に行ったため，体内の気圧の調整が追いつかなかったからである．

　水の中では，体内（とくに肺）には気圧（空気の重さ），皮膚には水圧（水の重さ）という 2 つの異なる重さの差を感じるため，水圧というものの方がより強く実感できる．図 2.3 に示すように空気ボンベを背負って潜水するとき，口にくわえているレギュレータは水深（水圧 $p_{water}$）に応じて吸う空気の圧力 $p_b$ を自動調整するものである．このため，深く潜ってもアクアラングを背負ってそれから空気を吸っている限り，体内の圧力と水圧が自動的にバランスしているため，先ほどのドラム缶のようにつぶれることはないのである．また，魚が水圧につぶ

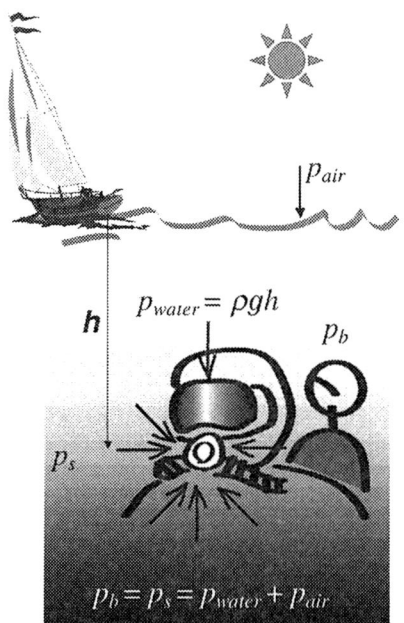

図 2.3 レギュレータは水圧で吸い込む空気圧を調整してくれる

されないのも魚体内の水圧と魚外部にかかる水圧が釣り合っているからである．

どのくらいの圧力が加わるのか，水の場合について以下にみてみよう．図 2.4 に示すように，静止した水の水面からある水深 $h$ [m] にある面積 $A$ の表面にかかる水の重さ $W_w$ [kgf＝N] は次のように求められる．すなわち，水の密度 [kg/m³] を $\rho$，重力加速度を $g$ [m/s²] で表すと，

$$W_w = \rho g h A \quad [\text{kgm/s}^2 = \text{N}] \tag{2.2}$$

である．単位面積当りに換算すると，

$$\frac{W_w}{A} = p_{water} = \rho g h \quad [\text{N/m}^2 = \text{Pa}] \tag{2.3}$$

である．これはすなわち圧力である．ある水深におけるこの圧力は重力方向に垂直な面だけではなく，水深が同じであればすべての方向の面に同じ大きさの圧力が作用する．もしそれが異なるのであれば，力の差によりその水深の水は静止していられなくなり，絶えずどちらかの方向に動くことになる．したがって，静止

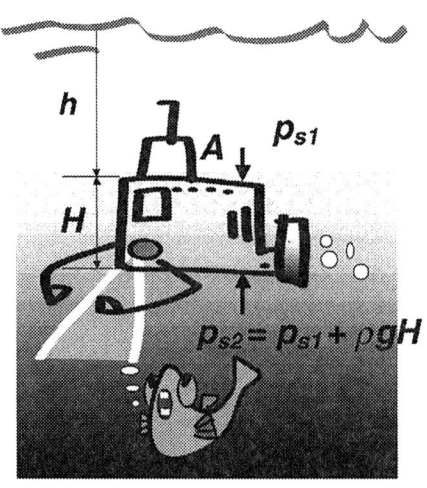

図 2.4 浮力とは？

した水というのがありえなくなる．これは現実と矛盾する．したがって，図 2.3 に示すようにある水深の一点に作用する圧力はすべての方向に同じ大きさで作用する．

式 (2.3) で表される圧力は，水の場合，静水圧と呼ばれる．水の密度 $\rho_w$ は 998 kg/m³ であるから，水深が 10 m では $p_{water} = 998 \times 9.8 \times 10 = 9.8 \times 10^4$ [Pa] となる．これがどの程度かというと，1 m² の面積に 10 ton の重さ (kgf) の物体が乗っているのと同じである．なぜなら，9.8 kgf = 1 N であるから，

$$9.8 \times 10^4 \text{ [Pa=N/m}^2\text{]} = 10 \times 10^3 \text{ [kgf/m}^2\text{]} = 10 \text{ [ton/m}^2\text{]}$$

である．お風呂の水深が 1 m だとすれば，湯船の底にはなんと 1 m² 当り，1 トンもの重さがかかっているのである．

大気（空気）の重さはどのくらいであろう．大気の場合における圧力を大気圧と呼ぶ．空気の密度 $\rho_a$ は 1.23 kg/m³ であるから，同じ深さであれば空気の重さは水のそれの約 1000 分の 1 程度である．有名なトリチェリ (Torricelli) の実験から，76 cm の水銀柱の単位面積当りの重さと釣り合うものを 1 気圧 (1 atm) と定められた．水銀の密度を $\rho_m (= 13600 \text{ [kg/m}^3\text{]})$ とすると，

$$p_{air} = \rho_m g \times 0.76 = 1.013 \times 10^5 \text{ [Pa]} = 1013 \times 10^2 \text{ [Pa]} = 1013 \text{ [hPa]}$$
$$= 1 \text{ atm} \tag{2.4}$$

である．気象用語で 1 ヘクトパスカルといっているのは $10^2$ という乗数をヘクト

という接頭語で表したものである．したがって，式 (2.4) に示したように 1 気圧は 1013 ヘクトパスカルである．ちなみに，メガは $10^6$，キロは $10^3$，ミリは $10^{-3}$，マイクロは $10^{-6}$，ナノは $10^{-9}$ の乗数に付けられる接頭語である．

大気圧を水柱に換算するといかほどになるか見積もってみよう．水柱の高さを $h_w$ と表すと，式 (2.4) から，

$$h_w = \frac{1.013 \times 10^5}{\rho_w g} = 10.33 \quad [\text{m}]$$

である．したがって，水の柱で約 10 m が 1 気圧となる．ちなみに，水深 10 m における水圧において，水だけの分は 1 気圧であるが，図 2.3 および図 2.4 に示すように水面に大気の 1 気圧が作用しているので，実際には水深 10 m では 1+1=2 気圧が作用していることになる．日本海溝などにおける 6500 m の深海では 650+1=651 気圧の圧力がかかることになる．この 1 を加えることを忘れないでほしい．

### 2.1.2 浮力（静水圧差）

図 2.4 に示すような水中にある直方体の物体に作用する圧力を考えてみよう．水深 $h$ の面に作用する圧力を $p_{s1}$，物体の高さ分だけ下 $(h+H)$ に位置する面に作用する圧力を $p_{s2}$ とし，上下面の面積を $A$ とする．同じ水深では方向によらず圧力は同じであることから，側壁に作用する圧力は互いに打ち消しあう．物体の重さを $W$ とする．水中に静止しているので，物体の重さと上下面に作用する圧力差による力がバランスしている．したがって，

$$W = (Ap_{s2} - Ap_{s1}) = \rho g A H = \rho g V \quad [\text{N}] \tag{2.5}$$

ここに，$\rho$ は水の密度，$V$ はこの直方体の体積 $[\text{m}^3]$ である．物体が有限の大きさをもつことから生じる水深の違いに基づく重力方向と反対方向に作用する力 $\rho g V$ を浮力と呼ぶ．この式から，なぜ浮力が物体の体積に関わるのかがわかる．

### 2.1.3 静圧

次に容器の中の空気の圧力を考えてみよう．図 2.5(a) に示すように，容器の内壁にぴったりのふた（隙間がないので中の空気は漏れないとする）の上におもりを載せてそれがある位置で釣り合って落ちないものとしよう．また容器の深さのために生じる容器の底とふたの位置における圧力差はないものとしよう．すな

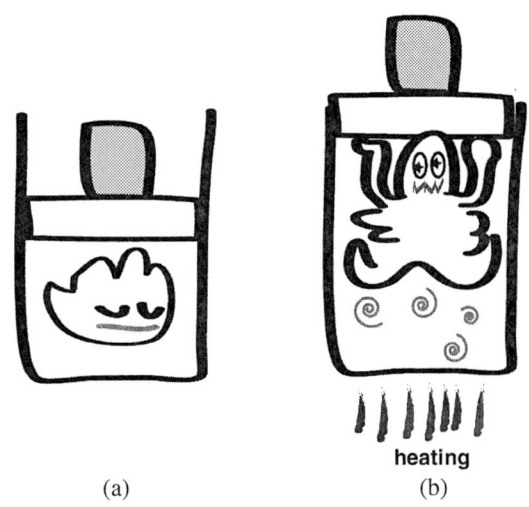

図 2.5 容器内の圧力

わち，容器内のどの内壁にも同じ圧力が作用しているものとする．$W$ の重さのふた（おもりを含めた重さ）が釣り合って動かないのであるから，断面積 $A$ のふたを支えるために下から作用する力は

$$pA = W \quad [\text{N}] \tag{2.6}$$

と表される．したがって容器内部の圧力 $p$ は $p = W/A$ であり，式 (2.1) における $F$ が $W$ に書き変わっただけである．すなわち，ここでは加える力におもりの重さという力を用いたからそのように書かれたのである．力を加える方法は何であってもよいので，何らかの外力に対抗する流体内部の力（垂直応力）が圧力であるといえる．なお，容器の底からふたまでの距離を $h$ とすると，おもりを乗せたふたのもつ位置エネルギーは $Mgh = Wh$ である．ここに，$M$ はおもりとふたを合わせた質量である．したがって式 (2.6) から，

$$Mgh = Wh = pAh = pV \quad [\text{N·m} = \text{J}] \tag{2.7}$$

すなわち，容器内の圧力と体積との積は，容器内の空気に外部から力を加えるためのエネルギー（この場合はおもりの位置エネルギー）と等しいことがわかる．このことから，逆に容器内の圧力を変えることによって外部にエネルギーを蓄える（仕事をする）ことができることがわかる．このときの圧力を静圧（static pressure）という．

静圧は流体の外部から加えられた仕事によって生じる圧力であり，けっして流

体そのものがもつエネルギーによるものではない．流体がもつエネルギー（位置エネルギー）による圧力は 2.1.1 項に示した静水圧または大気圧である．静圧と静水圧との違いを次に述べる．たとえば図 2.4 に示すような海の底にかかる圧力は，水面に作用する大気圧 $p_{air}$ と静水圧 $\rho g h$ の和である．すなわち，流体そのものの自重である．これに対し，図 2.5(a) に示した容器内に水を入れ，おもりを乗せたふたで閉じたとする．このときふたには大気圧はかかっていないとする．容器の底にかかる力は，おもりによる圧力(静圧)＋水圧(静水圧)（$=p+\rho g h$）の圧力が作用する．2.1.1 項に既に述べたように深海の底には大気圧分の圧力が加算されているのはこの理由である．すなわち，静圧と静水圧は言葉は似ているが素性はまったく異なり，外部から与えられたものか自分自身によるものかの違いがある．

### (1) 状態方程式

この圧力×体積がどのような性質をもっているのであろうか？ もし，図 2.5(a) に示した容器を加熱したら，容器内の温度が上昇し，体積は膨張するであろう．この結果，図 2.5(b) に示すようにおもりを乗せたふたの位置が上昇する．しかし，ふたに乗せたおもりを換えていないので，内部の圧力は $p$ のままである．逆に，加熱してもふたの位置を変えないようにするためには，おもりの重さを増やしてふたを元の位置に戻すようにしなければならないことは容易に想像できるであろう．この場合，式 (2.6) からおもりの重さを増やして圧力を増加させることを意味する．すなわち，加熱しても体積を一定に保とうとするとき，圧力は温度によって変化することがわかる．これらのように，条件を変えて実験を行った結果，気体の圧力，温度，容器の体積の間には状態方程式と呼ばれる次の関係があることがわかっている．

$$pV = nR^*T = \frac{m_{gas}}{M}R^*T \tag{2.8}$$

ここに，$n$ は容器内に入っている気体のモル数であり，分子量 $M$ の気体であればこの容器内の気体の質量 $m_{gas}$ は $nM$ である．また，$R^*$ は普遍気体定数と呼ばれ $R^*=8314.5$ [J/(kmol·K)] である．この式 (2.8) を状態方程式 (equation of state) という．この式に従う気体を完全気体 (perfect gas) という．ちなみに，完全気体というのは分子間力が無視できるような気体のことである．こ

の式 (2.8) を次式のように書き換えてみよう.

$$p = \frac{m_{gas}}{V} \frac{R^*}{M} T = \rho R T \tag{2.9}$$

ここで, $\rho = m_{gas}/V$ は密度 [kg/m³] である. また, $R = R^*/M$ をあらためて気体定数 (specific gas constant) と呼ぶ. これは気体の種類によって決まる値である. 標準状態 (15℃, 1 atm) の空気の場合 $M = 28.97$ であるので, $R = 286.9$ [J/(kg·K)] である. 熱力学の分野では $v = 1/\rho$ を比体積と呼び, 式 (2.9) を次のようにも書く.

$$pv = RT \tag{2.10}$$

**(2) 等圧状態変化 (圧力一定)**

さて, 図 2.5(b) に示されたように, ふたが自由に移動できる状態で加熱した場合, おもりを換えていないので容器内部における圧力は一定であった. したがって, 圧力を一定とすると式 (2.8) より, $T/V = $ const. である. ここで, 最初の状態にサフィックス 1 を最終状態にサフィックス 2 を付けて区別し, 両者の関係を表すと次のようになる.

$$\frac{V_2}{V_1} = \frac{T_2}{T_1} \tag{2.11}$$

初めの状態である 1 から最終状態の 2 までに加えた熱量 $Q_{1-2}$ [J] は,

$$Q_{1-2} = nc_p(T_2 - T_1) \tag{2.12}$$

ここに, $c_p$ は定圧比熱 [J/(kmol·K)] である. 式 (2.11) および式 (2.12) から,

$$\frac{V_2}{V_1} = \frac{Q_{1-2}}{nc_p T_1} + 1 \tag{2.13}$$

と表せる. したがって, 加える熱量が多いほど体積は増加することがわかる.

このふたの移動により外部にした仕事を見積もってみよう. ふたがわずかな距離 $\Delta x$ だけ移動したことによって外部にした仕事 $\Delta W$ は, $\Delta W = F \times \Delta x$ である. このときの $F$ は $pA$ である. したがって,

$$\Delta W = F \times \Delta x = pA\Delta x = p\Delta V \tag{2.14}$$

したがって, これを微分の形で書けば $dW = pdV$ であるから, これを状態 1 から 2 まで積分するとその間になされた仕事が求まる. すなわち, 図 2.5(b) に示したように

$$W = \int_{V_1}^{V_2} p\,dV = p \int_{V_1}^{V_2} dV = p(V_2 - V_1) \tag{2.15}$$

の仕事を外部にする．式 (2.8) の状態方程式の関係を式 (2.15) に代入すると，

$$W = nR^*(T_2 - T_1) \tag{2.16}$$

と表され，温度差が大きいほど外部になす仕事も大きいことがわかる．式 (2.12) で表される熱量と温度差の関係を式 (2.16) に代入すると，

$$W = mR^* \frac{Q_{1-2}}{nc_p} = R^* \frac{Q_{1-2}}{c_p} \tag{2.17}$$

となる．これより，多くの熱量を加えれば容器内の空気は外部に大きな仕事をすることがわかる．また同じ熱量を加えるのなら，空気より $c_p$ の小さな気体（たとえば二酸化炭素）の方が大きな仕事をする．

式 (2.17) を次のように書き換えると，加えた熱量のうちどのくらいの割合が外部仕事に費やされたかがわかる．すなわち，

$$c_p = \frac{\gamma}{\gamma - 1} R^* \tag{2.18}$$

の関係を用いて，これを式 (2.17) に代入すると

$$\frac{W}{Q_{1-2}} = \frac{\gamma - 1}{\gamma} \tag{2.19}$$

となる．空気の場合，$\gamma = 1.4$ であるから，式 (2.19) より，$W/Q_{1-2} = 0.286$ と求められる．すなわち，加えた熱量のうち，約 29% が仕事に変わり，残り 71% は内部エネルギーを増加させるのに使われたことになる．

## （3） 等容状態変化（体積一定）

次に，図 2.6(a) に示すように，加熱してもおもりを調整することによって体積を変えないようにする場合，容器内部の圧力がどのようになるかを考えよう．体積が一定であるから，式 (2.8) より，$p/T = \text{const.}$ である．したがって，

$$\frac{p_2}{p_1} = \frac{T_2}{T_1} \tag{2.20}$$

状態 1 から 2 までに加えた熱量 $Q_{1-2}$ は，

$$Q_{1-2} = nc_v(T_2 - T_1) \tag{2.21}$$

ここに，$c_v$ は定容比熱 [J/(mol·K)] である．式 (2.20) および式 (2.21) から，

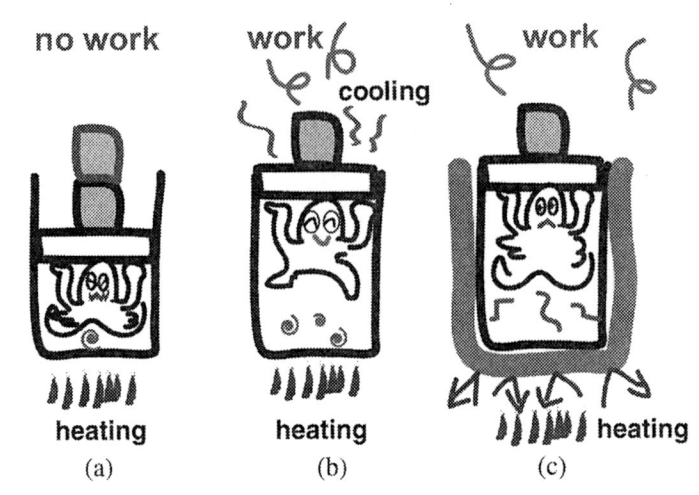

図 2.6 同じ加熱でも仕事をしたりしなかったり
(a)等容状態変化，(b)等温状態変化，(c)断熱状態変化

$$\frac{p_2}{p_1}=\frac{Q_{1-2}}{nc_vT_1}+1 \qquad (2.22)$$

の関係が得られる．すなわち，加える熱量が多いほど圧力は増加することがわかる．したがって，それに見合うだけのおもりを加えないと体積を一定にできない．

　おもりを乗せたふたが移動しないので，この場合，空気は外部に対して仕事をしない．加えた熱量は空気の内部エネルギー（分子の並進運動，回転運動，振動などのエネルギー，および電気エネルギー）の増加に費やされ，したがって容器内部の分子運動が活発となり，圧力が増加する．すなわち，圧力とは分子の衝突による運動量交換の結果である．空気の分子がふたに衝突し，向きを変えることによって運動量変化が生じ，その結果ふたに力（圧力）が作用する．このような考察から，容器内の平均圧力を分子運動から見積もると，次式のように表される．ただし，分子を1個の球体とみなし，分子の運動は並進運動だけで，衝突は弾性衝突であるとする．

$$p=\frac{2N}{3V}\left(\frac{1}{2}m\bar{v}^2\right)=\frac{2}{3}\left(\frac{1}{2}\rho\bar{v}^2\right) \qquad (2.23)$$

ここに，$m$ は分子1個の質量，$N$ は体積 $V$ の容器内に存在する分子の数であ

る．したがって，$mN/V$ [kg/m³] は気体の密度 $\rho$ を表す．また，$v$ は分子の速度であり，$m\bar{v}^2/2$ は分子の運動エネルギーを表す．熱量を加え内部エネルギー（分子の運動エネルギー）を増加させると式 (2.22) から圧力が増加することがわかる．ちなみに，完全気体の場合には内部エネルギーは温度だけの関数であり，上述のように体積一定で加えた熱量はすべて内部エネルギー $U_{1-2}$ の増加となるので，式 (2.21) から

$$U_{1-2} = Q_{1-2} = nc_v(T_2 - T_1) \tag{2.24}$$

と表される．図 2.6(a) に示すように外部には仕事をしない．

### （4） 等温状態変化（温度一定）

温度一定であるから，式 (2.8) より，$pV = $ const. である．したがって，

$$\frac{p_2}{p_1} = \frac{V_1}{V_2} \tag{2.25}$$

これをどのように実現するかというと，図 2.6(b) に示すように熱量を加えることによって上昇した温度を，圧力を下げ体積を増加（膨張）させることによって温度を下げ，差し引き温度変化がないようにするのである．

このときおもりを乗せたふたは移動することになるので，この場合加熱された空気は外部に対して仕事をする．それは次のように表される．

$$W = \int_{V_1}^{V_2} p \, dV = nR^* T_1 \int_{V_1}^{V_2} \frac{dV}{V} = nR^* T_1 \ln \frac{V_2}{V_1} \tag{2.26}$$

すなわち，外部になされる仕事は膨張比（$V_2/V_1$）に依存することがわかる．これに，式 (2.25) を代入すると，

$$W = nR^* T_1 \ln \frac{p_1}{p_2} = p_1 V_1 \ln \frac{p_1}{p_2} \tag{2.27}$$

と表され，仕事は圧力比（$p_1/p_2$）に依存し，空気の初期温度が高いほど大きな仕事ができることを表している．逆に，外部から容器内の空気に仕事をする場合には，初期温度を低く設定して圧縮した方が有利であることもわかる．

なお，完全気体であれば内部エネルギーは温度のみの関数であり，温度の変化がないときには内部エネルギーは変化しない．したがって，等温変化の場合，加えられた熱量はすべて式 (2.26) または式 (2.27) で表される仕事に費やされる．したがって，

$$Q_{1-2} = W \tag{2.28}$$

### （5） 断熱状態変化

図 2.6(c) に示すように，熱の出入りを完全にシャットアウトして，たとえば膨張とか圧縮を行い状態を変化させるとき，次のような関係がある．

$$\frac{T_2}{T_1} = \left(\frac{V_2}{V_1}\right)^{-(\gamma-1)} = \left(\frac{p_2}{p_1}\right)^{(\gamma-1)/\gamma} \tag{2.29}$$

断熱膨張によって外部に仕事をした場合，熱量の供給がないので，その代わりに内部エネルギーの変化が仕事に変わる．したがって，

$$W = -(U_2 - U_1) = nc_v(T_1 - T_2) \tag{2.30}$$

これに，式 (2.23) の関係を代入すると次のようになる．

$$W = \frac{p_1 V_1}{\gamma - 1}\left[1 - \frac{T_2}{T_1}\right] = \frac{p_1 V_1}{\gamma - 1}\left[1 - \left(\frac{p_2}{p_1}\right)^{\frac{\gamma-1}{\gamma}}\right] = \frac{p_1 V_1}{\gamma - 1}\left[1 - \left(\frac{V_2}{V_1}\right)^{-(\gamma-1)}\right] \tag{2.31}$$

### （6） カルノーサイクル（Carnot cycle）

以上から，容器に入れた気体の状態を変化させることで，容器外部に対して仕事ができることがわかる．このようなことを利用するものに熱機関がある．容器の中の気体に高熱源から熱量を取り入れ，その一部を使って外部に対して仕事をし，残りの熱量を低熱源に捨てる．低温になったものを高温にして最初の状態に戻す．このような周期的作業をサイクルという．理想的なサイクルを図 2.7 に示す．図中のグラフは $p$-$V$ 線図と呼ばれるものである．その線図と比較しながら，どのような変化なのかをみていこう．① A-B 間において，$T_1$ に保ったまま等温膨張させ，温度 $T_1$ の外部から気体に熱量 $Q_1$ を受け取る．② B-C 間において，熱源から遮断し断熱膨張させる．温度を $T_2$ になるまで下げる．③ C-D 間において，$T_2$ に保ったまま等温圧縮し，温度が $T_2$ である外部の低熱源に熱量 $Q_2$ を放出する．④ D-A 間において，低熱源から遮断し断熱圧縮を行い $T_2$ から $T_1$ まで気体の温度を上昇させる．

このサイクルにおいて外部になされた仕事を見積もってみよう．

① A-B 間では等温変化なので，式 (2.26) から

$$W_{A-B} = nR^* T_1 \ln \frac{V_B}{V_A} \tag{2.32}$$

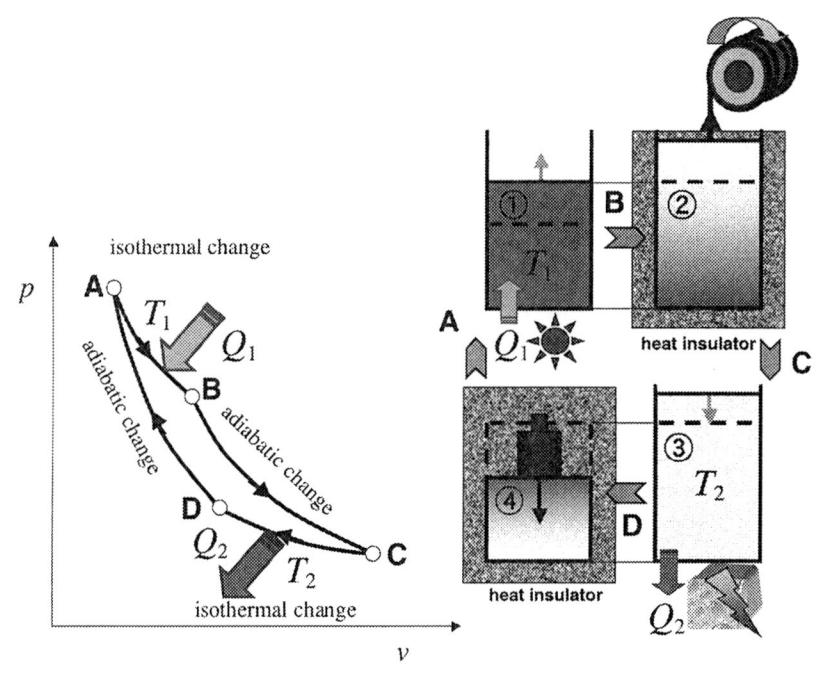

図 2.7 カルノーサイクル

である.等温変化であるから内部エネルギーの変化はないので,吸収した熱量はすべて外部にした仕事 $W_{A-B}$ と等しくならなければならない.したがって,

$$W_{A-B} = Q_1 \tag{2.33}$$

と表される.

② B-C 間では断熱変化であるから外部にした仕事は,熱力学第1法則より $pdV = -dU$ である.また,理想気体の内部エネルギー変化は $dU = nc_v dT$ であるから,

$$W_{B-C} = \int_{V_B}^{V_C} pdV = \int_{T_1}^{T_2} dU = nc_v(T_1 - T_2) \tag{2.34}$$

である.

③ C-D 間では等温圧縮であるから外部からなされる仕事は式 (2.32) の場合と同様に計算を行うと,

$$W_{C-D} = nR^* T_2 \ln \frac{V_C}{V_D} \tag{2.35}$$

したがって，
$$W_{C-D} = Q_2 \tag{2.36}$$
である．

④ D-A 間では断熱圧縮であるから，外部からなされる仕事は式 (2.34) の場合と同様にして，

$$W_{D-A} = -\int_{V_D}^{V_A} p dV = \int_{T_2}^{T_1} dU = nc_v(T_1 - T_2) \tag{2.37}$$

したがって，1サイクルで外部に対して行う仕事 $W$ は

$$\begin{aligned} W &= W_{A-B} + W_{B-C} - W_{C-D} - W_{D-A} \\ &= nR^* T_1 \ln \frac{V_B}{V_A} - nR^* T_2 \ln \frac{V_C}{V_D} \\ &= Q_1 - Q_2 \end{aligned} \tag{2.38}$$

と表される．

式 (2.29) を用いて各 A，B，C，D 点における断熱状態での値を比較することによって，次の関係が得られる．

$$\frac{V_B}{V_A} = \frac{V_C}{V_D} \tag{2.39}$$

これを式 (2.38) に代入すると，

$$W = Q_1 - Q_2 = nR^*(T_1 - T_2) \ln \frac{V_B}{V_A} \tag{2.40}$$

式 (2.32)，式 (2.33)，および式 (2.40) から，カルノーサイクルの効率 $\eta$ は次のように表される．

$$\eta = \frac{W}{Q_1} = \frac{Q_1 - Q_2}{Q_1} = \frac{T_1 - T_2}{T_1} \tag{2.41}$$

したがって，低熱源と高熱源の温度差が大きいほど効率が良いことがわかる．

このサイクルでは，理想気体を用いていること，機械的摩擦および伝導などで失われる熱量がないことなどを条件にしているので，A→B→C→D→A の方向と逆の A→D→C→B→A の方向にもまったく同じに作動させることができる．これを可逆サイクルという．現実には摩擦や伝導があるために非可逆サイクルであり，したがって，同じ熱源の温度差で作動する現実の機関はカルノーサイクルより効率が悪いことになる．

## 2.1.4 流動に基づく圧力（動圧）

静圧を位置エネルギーと関係づけたのに対し，動圧（dynamic pressure）を運動する流体の運動エネルギーと関連づけよう．図 2.8 に示すように，ある速度 $U$ で移動している流体の塊（流体粒子）が壁面に衝突して止まってしまったときのことを考えてみよう．単位時間当りの流体粒子の質量を $\dot{m}$ とすると，

$$\dot{m} = \rho U A \tag{2.42}$$

と書ける．したがって，流体粒子がもつ運動エネルギーは

$$\frac{1}{2}\dot{m}U^2 = \frac{1}{2}\rho U^3 A \tag{2.43}$$

である．これが同じ断面積 $A$ の板の前に存在する流体粒子の体積と同じ体積をもつ領域の圧力を変化させたとするとその圧力 $p_d$ は次のように書ける．

$$p_d A U = \frac{1}{2}\rho U^3 A \quad \therefore \quad p_d = \frac{1}{2}\rho U^2 \tag{2.44}$$

この運動エネルギーから変換される圧力を動圧と呼ぶ．

流れの中にある物体に作用する静圧と動圧の分布は，物体に作用する力を求めるのに用いられるので，重要である．

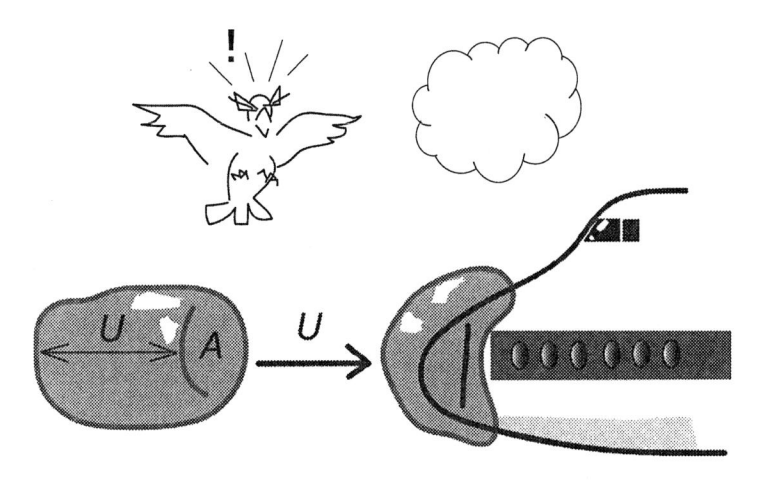

図 2.8 流体粒子の運動エネルギーが動圧となる

## 2.2 摩　擦　力

図2.9に示すように，床の上にあるものを押すときに作用する物体と壁面との間に摩擦が生じるのと同様に，壁面に沿う流れと壁面との間に摩擦が生じる．物体における摩擦力は重さに比例するが，流体における摩擦力は壁面における速度勾配 $du/dy|_{y=0}$ に比例する．すなわち，対象とする面積 $A$ の壁面に作用する摩擦力 $F$ は

$$F = \tau_0 A = \mu \frac{du}{dy}\bigg|_{y=0} A \tag{2.45}$$

と表される．ここに，$\tau_0$ は単位面積当りの摩擦力，$\mu$ は粘性係数（coefficient of viscosity）[Pa·s] と呼ばれる比例定数である．

ある速度勾配（速度差）をもつ層流においては，図2.10(a) に示すように流れの中に想定したある境界面の上下における分子がその境界面を通じて衝突し，それによって運動量交換を行う．このため，境界面の上方の運動量が大きな部分では下面から来た運動量の小さな分子の衝突によって運動量は減少する．逆に，下面側では運動量は増加する．したがって，速度 $u$ の質量 $m$ の分子の衝突による運動量変化は

$$\lim_{\Delta y \to 0} \frac{m(u+\Delta u) - mu}{\Delta y} = m\frac{du}{dy} \sim \tau \tag{2.46}$$

である．このような運動量変化のために流れの中に想定した境界面にはその面に平行に摩擦応力 $\tau$ が作用する．式 (2.46) で表されるように，摩擦応力はその

図 2.9　摩擦力

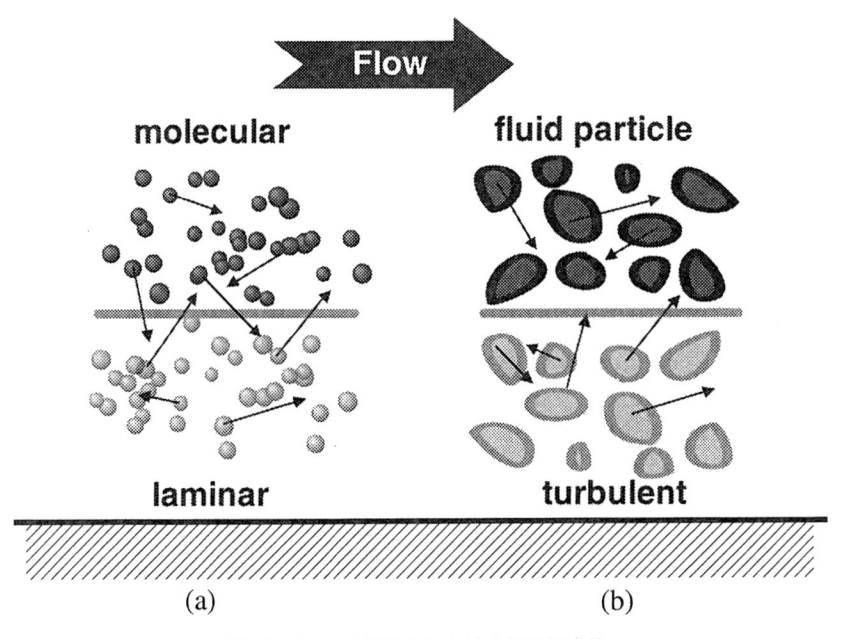

図 2.10 せん断流れにおける運動量変換
(a)層流境界層，(b)乱流境界層

境界面の上下面における速度勾配（速度差）に比例することがわかる．ここであらためて，仮想境界面に平行な応力をせん断応力（shear stress）と呼び，次のように定義する．

$$\tau = \mu \frac{du}{dy} \tag{2.47}$$

ここに，$\mu$ は粘性係数である．なお，粘性係数を密度で除した次式で表す動粘性係数（kinematic viscosity）を通常用いる．

$$\nu = \frac{\mu}{\rho} \quad [\text{m}^2/\text{s}] \tag{2.48}$$

せん断応力によって，流体粒子は流れと平行にずれるような変形を受ける．ちなみに，境界面には境界面を通じて分子の運動量交換による垂直応力も作用するが，それを静圧とみなす．

流れが乱れを含む乱流の場合，せん断応力 $\tau_t$ は式 (2.47) に対比して，次のように表される．

$$\tau_t = \mu_t \frac{d\bar{u}}{dy} \tag{2.49}$$

ここに，$\mu_t$ は乱流における粘性係数であり渦粘性係数と呼ばれる．また，$\bar{u}$ は時間平均速度である．乱流の場合，図2.10(b) に示すように分子の代わりに流体粒子の衝突を考え，速度は時間的に変動するので，時間平均速度を用いる．$\mu_t$ は

$$\mu_t = \rho l^2 \left| \frac{d\bar{u}}{dy} \right| \tag{2.50}$$

のように $l$ という長さに比例する量として与えられる．この $l$ をプラントル (Prandtl) の混合距離という．円管を流れる流れにおいて，壁面の極近傍では $l=0.4y$ で表され，5.3.2項で詳しく述べる．

## 2.3 表面張力

真空中に真球の水滴があるとしよう．これを図2.11(a) に示すように真っ2つに割ったとしよう．水滴がバラバラにならないのはたとえば図の $x$ 方向だけに着目してみた場合，その方向の力がバランスしているためである．半径 $R$ の

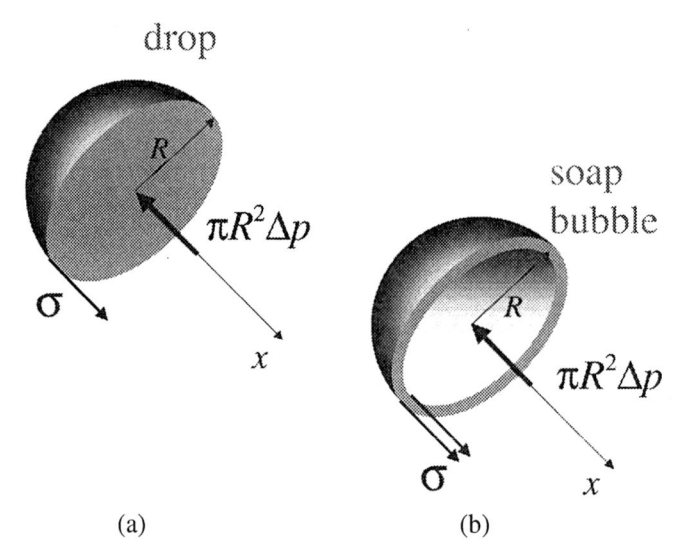

図 2.11 内部圧力と表面張力
(a)水滴，(b)泡

水滴内部の圧力による $x$ 方向の力は円の面積に圧力 $p$ をかけたものであるから,それによる力は $\pi R^2 p$ である.これに釣り合う力は水滴表面の張力 (surface tension) である.それを $\sigma$ [N/m] と書くと,円周における総和は $2\pi R\sigma$ である.これら両者が釣り合っているのだから,次式のように表される.

$$\pi R^2 p = 2\pi R\sigma \quad \therefore \quad p = \frac{2\sigma}{R} \tag{2.51}$$

表面張力は水と空気が接している場合には温度20℃の場合 $\sigma=72.75\times10^{-3}$ [N/m] と一定であるから,式 (2.51) からわかるように,半径の小さな水滴ほどその内部の圧力は高いことがわかる.図 2.11(a) の球において,周囲が水で,内部が空気の場合(これを気泡という)も式 (2.51) とまったく同じである.

図 2.11(b) に示すように,シャボン玉であるとき,この球は膜でできているので,表面は表側と裏側の 2 つある.したがって,内部の圧力と釣り合う表面張力は式 (2.51) で求められるものの 2 倍である.したがって,

$$p = \frac{4\sigma}{R} \tag{2.52}$$

と表される.

図 2.12 に示されるように,物体表面と接触する液滴の接触角が $\theta$ であるとき,この角度を接触角という.$\theta<90°$ であるとき,濡れ性が良いといい,逆に $\theta>90°$ であるとき,濡れ性が悪いという.この性質により,毛細管現象が起こる.図 2.12(b) に示されるように水が $h$ の高さまで上がっているとしよう.ま

(a)

(b)

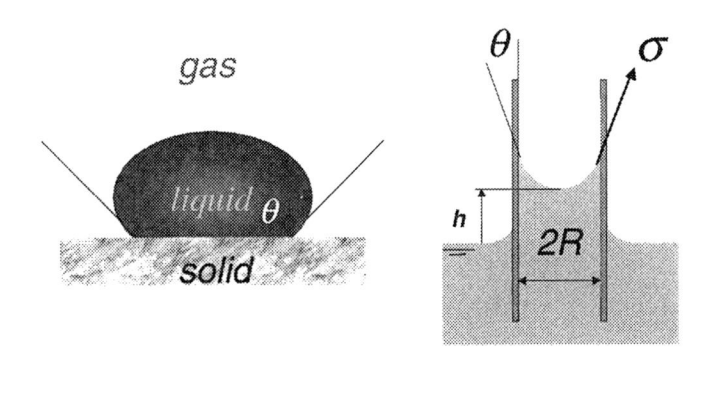

図 2.12 液体と物体との接触
(a)液滴,(b)管内の液体

た，接触角を $\theta$ としよう．水をもち上げている力は管内壁に接している水表面の表面張力の垂直方向成分であるから，$\sigma\cos\theta\times2\pi R$ である．もち上げられている水の重さは $\rho g\pi R^2 h$ である．したがって，それらが釣り合っているので，

$$2\pi R\sigma\cos\theta = \rho g\pi R^2 h \quad \therefore \quad h = \frac{2\sigma\cos\theta}{\rho g R} \tag{2.53}$$

のように求められる．したがって，式 (2.53) より，管の半径が小さいものほど，もち上がる水の高さは高くなることがわかる．また，濡れ性の良い（$\theta$ が小さい）ものほど高く上がる．

## 2.4 質量保存則

流れの中に図 2.13 に示すように小さな閉じた領域があるとしよう．この領域を流体粒子（または流体要素）と呼ぶ．この形はどのようなものでもよいが，以降の議論でも頻繁に出てくるので，扱いやすいように底面積が $A$ である円筒形であるとしよう．

さて，この流体粒子の体積は，円筒形であるから底面積×高さである．したがって，

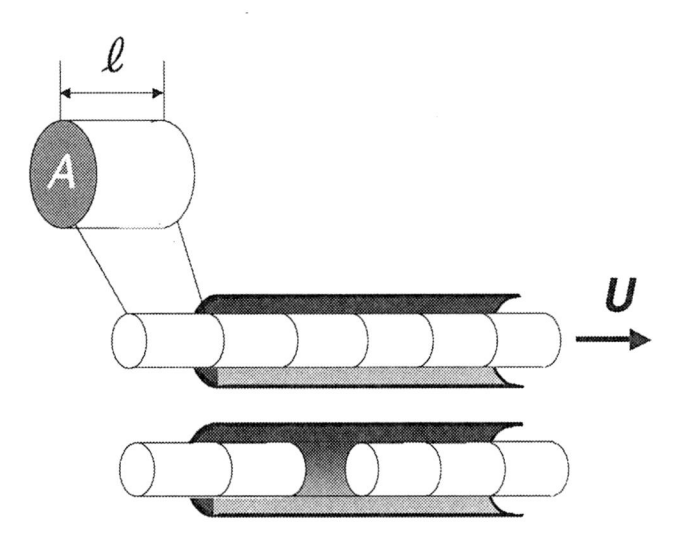

図 2.13 連続の条件とは

$$V = Al \quad [\text{m}^3] \tag{2.54}$$

また，流体粒子の質量 $m$ を密度 $\rho$ [kg/m³] で表すと，

$$m = \rho V = \rho Al \quad [\text{kg}] \tag{2.55}$$

である．

いまこの流体粒子が図 2.13 に示されるように，ある筒の中を列車のように前後につながってある速度 $U$ で進んでいくとしよう．筒の入り口に 1 秒間に 1 個の流体粒子が入ってくるとすると，流体粒子の長さ $l$ と速度 $U$ の関係は次のように表される．すなわち，

$$l = U \times 1 \quad [\text{m}] \tag{2.56}$$

である．これを式 (2.55) に代入すると，

$$m = \rho A U \times 1 \tag{2.57}$$

である．したがって，単位時間当りの質量を $\dot{m}$ と書くと，それは次のように表される．

$$\dot{m} = \frac{m}{1} = \rho A U \tag{2.58}$$

これを質量流量と呼ぶ．流体の分野ではこれを単に質量と呼ぶことがある．

さて，いま筒の中には 1 秒間に 5 個しか入れないとする．この筒の中に流体粒子を 1 秒間に 1 個の割合で続けて入れていくためには，出口から 1 秒間に 1 個ずつ出していかなければならない．図 2.13 に示すように，もしこの流体粒子の列の一部が抜けているとしたらどうなるだろうか？　流体が空気であれば，一部が抜けているということは真空になっているということであるから，圧力の項で述べたように圧力が伝わらないことになる．したがって，入り口から入った流体粒子が出口にさしかかった流体粒子を押すことができず出口から流体粒子が出てこられないことになる．しかし，途中の真空のために反力という情報が入り口に戻ってこないために，入り口の流体粒子は出口の流体粒子が出ていかないということを知ることができない．したがって，この筒の中はブラックホールのように流体粒子がどんどん入っていくが出てこないということが起こる．これが現実に起こりえないことを我々は経験的に知っている．

別の言い方をすれば，普段の生活の中で自分がすっぽりと真空空間に入り込み，息ができないという経験がないように，現実問題としてある空間の一部に真空状態が存在することはないということを表している．したがって，流れの中に

忽然ととぎれた部分（空気であれば真空状態）が出現することはない．このことを連続の条件といっているのである．

この連続の条件を先ほどの流体粒子の列にあてはめると，入った流体粒子は次に入ってくるものに押し出されて出口から出ていくことになる．どのくらい押し出されるか？　流体粒子に含まれる分子の数と同じ分だけ押し出される．すなわち，入り口から入った質量 $\dot{m}$ と同じ質量が出口から出ていかなければならない．いま入り口から入った数を $\dot{m}_i$，出口から出ていった質量を $\dot{m}_o$ とすると，

$$\dot{m}_i = \dot{m}_o = \dot{m} \tag{2.59}$$

これを質量保存則という．もし，連続の条件を満足しているにもかかわらず，これらが異なるということであれば，それはどういうことを表しているのであろう．図2.13に示した円筒の側面に穴が開いていて漏れているか，逆に入り込んだことを表している．

式 (2.58) と質量保存則から，

$$\rho_i A_i U_i = \rho_o A_o U_o \tag{2.60}$$

である．もし，$\rho_i = \rho_o$ であれば，すなわち密度が変化しないものとすると，

$$A_i U_i = A_o U_o \tag{2.61}$$

である．これは単位時間当りの流入体積と流出体積が等しいことを表している．この $AU$ で表されるものを体積流量と呼ぶ．すなわち，密度が変化しなければ，流量を質量流量でも体積流量でもどちらで表現してもよい．

式 (2.61) から，もし $A_i = A_o$ であれば $U_i = U_o$ であることがわかる．また，もし $A_o \neq 0$ であれば，

$$U_o = \frac{A_i}{A_o} U_i \tag{2.62}$$

と表せる．すなわち，密度が変化しない流れ（非圧縮性流れ）では，流体粒子の断面積が大きく（小さく）なればその速度は減少（増大）することを表している．

### (1) 流　線

いま，流れの中に仮定した筒に隙間なく流体が流れるとすると，流体粒子はその筒の形に応じて変形して流れる．図2.14に示すように，流れ方向に断面積が変化するような筒を考えよう．この筒の出入り口における流れの収支だけを扱い

## 2.4 質量保存則

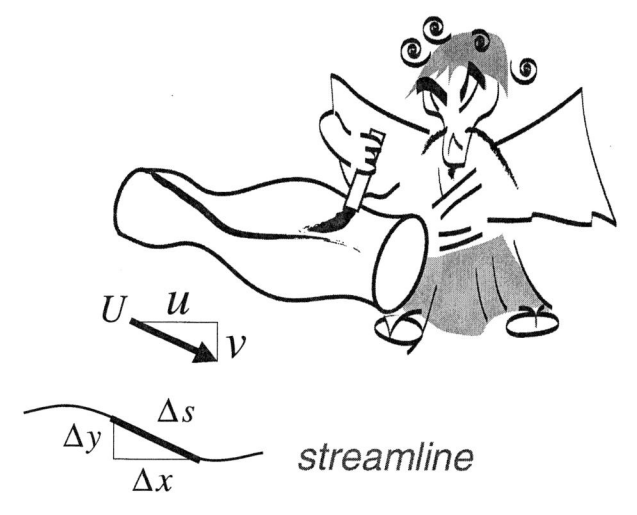

図 2.14 流れるようなタッチで画かれた流線

たいので，この筒の側壁を通じて流れの出入りがないように規定しよう．そのために，次に示す流線を定義する．すなわち，この壁面を作る壁の上に 1 本の線を描いたとき，流れがこの線に対して角度をもたなければ，すなわち，流れがこの線に交差しなければ壁面を通して流入流出がないことになる．この様子を図 2.14 に示す．ある点の速度が $\vec{U}$ であるとする．なお，$\vec{U}$ は速度ベクトルを表し，その成分は $(u, v)$ である．この線上のある点における微小線要素（長さ $\Delta s$）の傾きは図から $\Delta x/\Delta y$ である．また，この点における速度の方向は $u/v$ である．速度の方向と線分の方向が一致したとき，その点において流れはその線と平行となる．すなわち，流れが線に交差しないためには，

$$\frac{v}{u} = \frac{\Delta y}{\Delta x} \tag{2.63}$$

である．ここで，線分を小さくしていくと，すなわち $\Delta s \to 0$ とすることであり，これは $\Delta x \to 0$, $\Delta y \to 0$ を意味する．このときこれらを微分の定義より，それぞれ $dx$ および $dy$ と表す．したがって，式 (2.63) は次のように表される．

$$\frac{v}{u} = \frac{dy}{dx} \quad \text{あるいは} \quad \frac{dx}{u} = \frac{dy}{v} \tag{2.64}$$

これが流線を表す式である．

したがって，この流線を集めて作った筒は漏れも染み込みもないことになる．

## （2） 準1次元の流れ

図2.14で示したような流管内を流れる流れを考えよう．流管の断面積は $x$ にだけ依存するとする．各 $x$ 断面における流れの諸量（速度，密度，圧力，温度）も $x$ 方向にだけ変化し，$x$ 断面内では諸量は一定値をもつ．このような流れを準1次元の流れという．ちなみに，1次元流れというのは，断面積が変化しない，理想的には断面積0である流管内を流れる流れである．現実の問題を考えるとき，断面積が変化する流れを扱うことが多いので，準1次元流れを扱う．

図2.15に流管の縦断面を示す．その断面中央部のグレーに網掛りをほどこした領域に着目してこの部分への流入流出を考えよう．この着目領域を検査体積（control volume, 略してCVと書く）と呼ぶ．ある時刻 $t$ において，流体粒子IIがCVに一致していたとしよう．このとき，その上流にいる流体粒子をI，下流にいるものをIIIと名付けよう．また，それぞれの流体粒子の質量流量を $\dot{m}_1$, $\dot{m}_2$, $\dot{m}_3$ とする．わずかな時間 $\Delta t$ の後，CVの形は変化しないで，流れが図2.15(b) のような状況になったものとする．すなわち，流体粒子Iの一部がCV内に入り込み，流体粒子IIの一部がCV内から流出したとする．このとき，図2.15(b) に示すように質量流量は次のように表される．

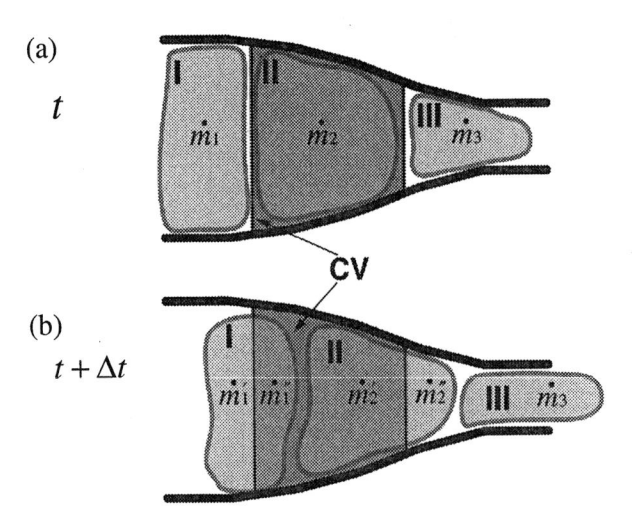

図 2.15 検査体積に出入りする流体粒子

$$\dot{m}_1 = \dot{m}_1' + \dot{m}_1'', \qquad \dot{m}_2 = \dot{m}_2' + \dot{m}_2'' \qquad (2.65)$$

したがって，時間 $t+\varDelta t$ における，CV 内の質量流量は $\dot{m}_1'' + \dot{m}_2'$ である．質量保存則から，これが元の時間 $t$ における質量流量 $\dot{m}_2$ と等しいとすると，

$$\dot{m}_1'' + \dot{m}_2' = \dot{m}_2 = \dot{m}_2' + \dot{m}_2'' \qquad \therefore \quad \dot{m}_1'' = \dot{m}_2'' \qquad (2.66)$$

である．すなわち，CV に流入流出する質量流量は等しいことがわかる．

実際には図 2.15 に示すようにそれぞれの流体粒子を区別する境界線はないので，CV に一致する流体粒子だけに着目することになる．すなわち，CV に一致する流体粒子 II の時間的変化を考えることにする．時間微分を次のように書く．

$$\dot{m}_2 = \frac{Dm_2}{Dt} \qquad (2.67)$$

微分演算子として $d$ の代わりに大文字の $D$ を用いるのは，この流体粒子 II に乗って移動してきたときの流体粒子自身の変化を表すためである．すなわち，ラグランジュ的表現である．むずかしそうに聞こえるが，単に流体粒子 II の時間微分を表しているにすぎないので，おそれることはない．この流体粒子 II がたまたま CV に一致したときの様子が図 2.15(a) に示された状況である．この瞬間，CV 内の質量流量変化は $\dot{m}_2'' - \dot{m}_1''$ であるから，それが式 (2.67) と一致していなければならない．すなわち，

$$\frac{D\dot{m}_2}{Dt} = \dot{m}_2'' - \dot{m}_1'' = \rho_2 A_2 u_2 - \rho_1 A_1 u_1 \qquad (2.68)$$

と表される．この式から，流体粒子の質量の変化（質量流量）はそれと一致する CV 内の流量変化に等しいことがわかる．流体粒子 II は常に CV と一致しているために，式 (2.66) から，

$$\frac{D\dot{m}_2}{Dt} = 0 \qquad (2.69)$$

である．すなわち，流れ全体として時間的に変化しないような流れ—これを定常流という—において，着目した流体粒子は場所によって変形してもその質量（質量流量）は変化しないことがわかる．

**（3） 検査体積（control volume）**

流体の運動を調べる方法には，図 2.16 に示すように，(a) 流れと同じ速度で移動して流れのある一部を観察する（ラグランジュ的）方法と，(b) ある固定された場所に流れてくる流れをその場所全体の変化として観察する（オイラー的）

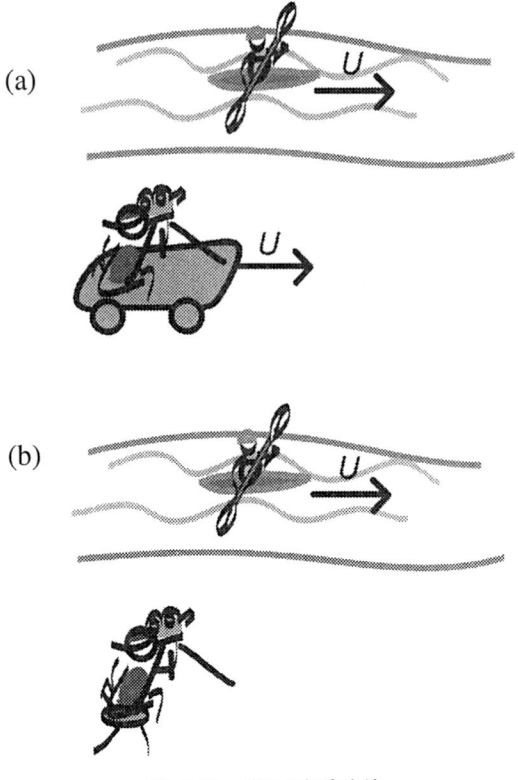

**図 2.16** 流れの観察方法
(a)みたいものといっしょに移動して観察するラグランジュ的方法，(b)場所を固定してそこに入ってきたものの変化を調べるオイラー的方法

方法がある．ラグランジュ的方法では流体粒子のある物理量 $B$ の時間変化を調べることになるので，その変化は次のように表される．

$$\frac{DB}{Dt} \tag{2.70}$$

これに対して，オイラー的方法では，ある場所における CV 内の流れによる物理量 $B$ の変化を調べることになる．すなわち，その変化とは図 2.17 に示すように，CV 内の $B$ の時間変化と CV の表面（これを検査面 CS と呼ぶ）を通して出入りする物理量 $B$ の変化である．一般的にはこの CV は時間的に変形してもよ

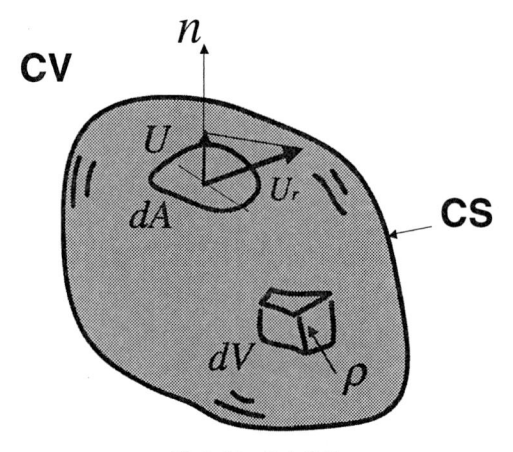

図 2.17 検査体積

い．この場合にはその変化は時間変化として表現される．また，CV は移動してもよい．このとき，CV の表面の移動速度を $\vec{U}_{cs}$，流れの速度を $\vec{U}$ とすると，CV に対する相対速度は $\vec{U}_r = \vec{U} - \vec{U}_{cs}$ である．このようなことを含めた CV 内の変化は次式のように表せる．

$$\frac{d}{dt}\int_{cv}\beta\rho dV + \int_{cs}\beta\rho(\vec{U}_r\cdot\vec{n})\,dA \qquad (2.71)$$

ここに，$\beta$ は $\beta = dB/dm$ であり，単位質量当りの物理量変化を表す．なお，$B$ の変化を $dB$ と表すと，$dB = \beta dm$ であり，また $dm = \rho dV$ であるから，

$$dB = \beta\rho dV \qquad (2.72)$$

である．これを CV の体積全体にわたって積分したものが式 (2.71) の第 1 項である．

これに対し，式 (2.71) における第 2 項の $\vec{n}$ は表面に対して垂直外向きの単位ベクトルを表す．これと相対速度ベクトル $\vec{U}_r$ との内積 $\vec{U}_r\cdot\vec{n}$ は，図 2.17 からわかるように CV の表面に対して垂直方向の速度の大きさ $U$ を表す．ここに，表面を通じて変化した分 $\rho UdA$ は体積の変化 $\rho dV/dt(=dm/dt)$ と等しくなければならない．したがって，$\rho UdA = \rho dV/dt = dm/dt$ であるから，

$$\beta\rho(\vec{U}_r\cdot\vec{n})\,dA = \frac{\beta dm}{dt} = \frac{dB}{dt} \qquad (2.73)$$

これを CV の表面全体にわたって積分したのが式 (2.71) の第 2 項である．これ

は表面を通じて表面から直角に流入流出する物理量 $B$ の時間変化を表している．ただし，出る方向のときが正，反対に入る方向が負である．

したがって，式 (2.71) は，CV 内にもともと存在した $B$ の時間変化と，表面を通じて出入りした分による変化を合計したものを表していることがわかる．

先に述べた質量保存のときと同様に流体粒子がある瞬間 CV に一致したときのことを考えると，その両者の変化は同じでなければならない．したがって，式 (2.70) と式 (2.71) で表される変化が等しいとすると，次式が得られる．

$$\frac{DB}{Dt} = \frac{d}{dt}\int_{cv}\beta\rho dV + \int_{cs}\beta\rho(\vec{U}_r\cdot\vec{n})dA \tag{2.74}$$

この式 (2.74) は，ラグランジュ的に調べたこととオイラー的に調べたこととを結びつけるものであるので，重要である．

$B$ が質量のとき，すなわち，$B=m$ のとき，$\beta=dm/dm=1$ であるから，式 (2.74) は，次のように表される．

$$\frac{Dm}{Dt} = \frac{d}{dt}\int_{cv}dm + \int_{cs}\rho(\vec{U}_r\cdot\vec{n})dA = 0 \tag{2.75}$$

CV が時間的に変化しない場合 ($d/dt=0$) には，右辺第 1 項は 0 となり，

$$\int_{cs}\rho(\vec{U}_r\cdot\vec{n})dA = 0 \tag{2.76}$$

である．したがって，表面からの流入流出だけを考えればよいことになる．

入り口が $i$ 個，出口が $j$ 個あるとすれば，それらの収支を考えればよく，式 (2.76) は，

$$\sum_j(\rho_j A_j U_j)_{\text{out}} - \sum_i(\rho_i A_i U_i)_{\text{in}} = 0 \tag{2.77}$$

のように表される．すなわち，式 (2.60) で表された質量保存である．

## 2.5 運動量方程式

先に述べた検査体積において，$B$ を運動量と考えると，すなわち $\vec{B}=m\vec{U}$ とすると，$\vec{\beta}=d\vec{B}/dm=\vec{U}$ であるから，式 (2.74) は次のように表される．

$$\frac{Dm\vec{U}}{Dt} = \vec{F} = \frac{d}{dt}\int_{cv}\vec{U}\rho dV + \int_{cs}\vec{U}\rho(\vec{U}_r\cdot\vec{n})dA \tag{2.78}$$

流体粒子が受ける運動量変化は流体粒子に作用する力であり，それはすなわち，検査体積内における流体の運動量変化と検査体積を形成する表面を通じての運動

量の流入流出（運動量流束）の和に等しい．したがって，流体粒子に作用する力を直接調べなくても，検査体積を適当に取り，それの運動量変化を調べることで流体粒子に作用する力を間接的に調べることができる．この式が運動量方程式を表す．

いま，流体粒子に作用する力としては，重力のような体積力 $\vec{F}_B$，圧力およびせん断力のような表面に作用する力 $\vec{F}_S$，流れに接する壁面から受ける反作用による力 $\vec{F}_D$（表面力として $\vec{F}_S$ に含めてもよいが実問題としての取扱い上区別する）がある．したがって，式 (2.78) における流体粒子が受ける力は

$$\vec{F} = \vec{F}_B + \vec{F}_S + \vec{F}_D \tag{2.79}$$

である．

これに対して，式 (2.78) の右辺第2項を次のように分解してみよう．すなわち，$\vec{U} = \vec{U}_r + \vec{U}_{cs}$ であるから，これを代入して，

$$\int_{cs} \vec{U} \rho (\vec{U}_r \cdot \vec{n}) \, dA = \int_{cs} (\vec{U}_r + \vec{U}_{cs}) \rho (\vec{U}_r \cdot \vec{n}) \, dA \tag{2.80}$$

流れが定常の場合，式 (2.76) より，$\int_{cs} \rho (\vec{U}_r \cdot \vec{n}) \, dA = 0$ であるから，式 (2.80) は，

$$\int_{cs} \vec{U} \rho (\vec{U}_r \cdot \vec{n}) \, dA = \int_{cs} \vec{U}_r \rho (\vec{U}_r \cdot \vec{n}) \, dA \tag{2.81}$$

となる．したがって，定常流れである場合（$d/dt = 0$），式 (2.78)，(2.79)，(2.81) より，

$$\vec{F}_B + \vec{F}_S + \vec{F}_D = \int_{cs} \vec{U}_r \rho (\vec{U}_r \cdot \vec{n}) \, dA \tag{2.82}$$

と表される．検査体積の表面が止まっている場合（固定検査体積），$\vec{U}_{cs} = 0$ であるから，$\vec{U}_r = \vec{U}$ である．これを式 (2.82) に代入すると，次のように表される．

$$\vec{F}_B + \vec{F}_S + \vec{F}_D = \int_{cs} \vec{U} \rho (\vec{U} \cdot \vec{n}) \, dA \tag{2.83}$$

準1次元の流れにおける検査体積では，式 (2.77) と同様の表現によって，式 (2.83) を次のように書くことができる．

$$\vec{F}_B + \vec{F}_S + \vec{F}_D = \sum_j (\rho_j A_j U_j^2)_{\text{out}} - \sum_i (\rho_i A_i U_i^2)_{\text{in}} \tag{2.84}$$

## (1) 物体が受ける抗力

式 (2.83) または式 (2.84) から，流れの中にある物体に作用する抗力（流れ方向に作用する力）を見積もることができる．$\vec{F}_D$ は流れが物体から受ける力であり，その反力である物体に作用する力は $-\vec{F}_D$ と表現できる．

具体的に図 2.18 に示すような上流が一様な速度分布をもつ流れの中にある 2 次元物体に作用する抗力を考えてみよう．ただし，紙面に垂直方向の長さは単位長さを取るものとする．検査体積を示す境界線は a-b-c-d-e-f-g-h-i-a である．線 a-b および i-h は物体から離れた位置における流線である．線 a-i および b-h はそれぞれ物体の上流および下流における流れに垂直な面を表すものである．線 d-e-f は物体を囲む面を表すものである．線 c-d および g-f は見かけ上離れているが，互いに限りなく接しているものである．したがって，点 c と g の隙間は限りなく 0 に近いものとする．この切り込みはよく省略されることがあるが，まちがいである．この切り込み c-d-e-f-g によって物体をとり囲まなければ物体表面に作用する表面力を評価できないからである．

この検査体積の入り口面である a-i 面には一様流が流入し，その一定速度を $u_1$ とする．出口面 b-h における速度は物体の存在のためにその下流では速度が

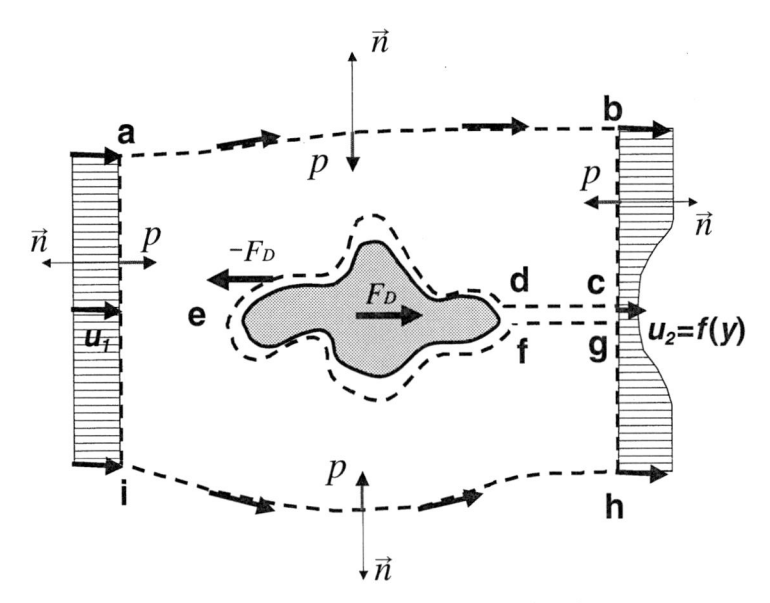

図 2.18 流れの中の物体まわりの検査体積

減速され,図中に示すような物体下流で窪んだ速度分布となる.このような速度分布を示す物体下流の流れを後流と呼ぶ.また,窪んだ速度の部分を速度欠損と呼ぶ.したがって,出口の速度分布は $y$ の関数で表される.したがって,$u_2 = f(y)$ である.物体まわりの検査面 d-e-f を展開したものを図 2.19 に示す.検査面に対して1つの流入,2つの流出がある.また,$\vec{F}_D$ が物体表面から検査体積内の流体に及ぼす力であることがわかる.このようにすることで検査体積内の流体に作用する力を見積る概念が明らかとなる.

さて,式 (2.83) において,重力の作用を無視するものとする.したがって,$\vec{F}_B = 0$.検査面に一致する流体表面に作用する力 $\vec{F}_S$ は次のものからなる.すなわち,周囲の a-b-h-i-a 面に作用する圧力とせん断応力によるもの,および物体に作用する力による反力 $-\vec{F}_D$ である.圧力とせん断応力によるものは次のように表せる.

$$\int_{abhia} (-p\vec{n} + \tau\vec{t}) \, dA \tag{2.85}$$

ここに,$\vec{n}$ は表面に垂直な法線方向単位ベクトル,$\vec{t}$ は表面に平行な方向の単位ベクトルである.また,$p$ は圧力で,$\vec{n}$ と逆方向に正の圧力を取っているので負符号がついている.$\tau$ はせん断応力である.なお,せん断応力による摩擦力をま

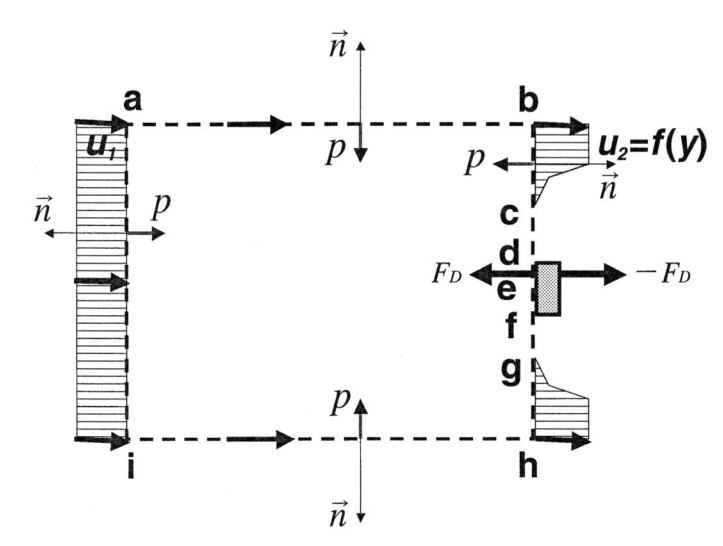

図 2.19 流れの中の物体も検査体積内の流体に力を及ぼす1つの境界条件となる

とめて $\vec{F}_f$ と書いておくことにする．したがって，式 (2.85) は

$$\int_{abhia}(-p\vec{n}+\tau\vec{t})\,dA = \int_{abhia}-p\vec{n}\,dA + \vec{F}_f \tag{2.86}$$

となり，表面に作用するものを圧力によるものと摩擦力によるものとにわけて表現される．

次に，検査面を通しての運動量流束 (momentum flux) を調べてみよう．面 a-b と i-h においては $\vec{U}$ と $\vec{n}$ とは直交しており，したがって，$\vec{U}\cdot\vec{n}=0$ であるから，

$$\int_{ab}\vec{U}\rho(\vec{U}\cdot\vec{n})\,dA = \int_{ih}\vec{U}\rho(\vec{U}\cdot\vec{n})\,dA = 0 \tag{2.87}$$

これらに対して，流れに直角な断面である面 a-i および b-h においては，それぞれ次のように表される．

$$\int_{ai}\vec{U}\rho(\vec{U}\cdot\vec{n})\,dA = \int_{ai}u_1\rho(-u_1)\,dA \tag{2.88}$$

$$\int_{bh}\vec{U}\rho(\vec{U}\cdot\vec{n})\,dA = \int_{bh}u_2\rho(u_2)\,dA \tag{2.89}$$

ここに，式 (2.88) において，（ ）内の $u_1$ に負符号がついているのは，$\vec{U}$ と $\vec{n}$ との方向が逆であるためである．また，$dA=dy\times 1$ であることを考慮し，各点の $y$ 位置を表すのに $y_a$ のように点の名前を $y$ のサフィックスにつけて表すものとする．式 (2.87)～(2.89) より，検査面における運動量流束は次のように表される．

$$\int_{cs}\vec{U}\rho(\vec{U}\cdot\vec{n})\,dA = -\int_{y_i}^{y_a}\rho_1 u_1^2\,dy + \int_{y_h}^{y_b}\rho_2 u_2^2\,dy \tag{2.90}$$

ここで，定常流れにおける質量保存則である式 (2.76) より，

$$\int_{cs}\rho(\vec{U}\cdot\vec{n})\,dA = -\int_{y_i}^{y_a}\rho_1 u_1\,dy + \int_{y_h}^{y_b}\rho_2 u_2\,dy = 0 \tag{2.91}$$

一定値である $u_1$ を式 (2.91) にかけると，

$$-\int_{y_i}^{y_a}\rho_1 u_1^2\,dy + \int_{y_h}^{y_b}\rho_2 u_1 u_2\,dy = 0 \tag{2.92}$$

と書ける．これを式 (2.90) に代入すると，結局，運動量流束は次式のように表される．

$$\int_{cs}\rho(\vec{U}\cdot\vec{n})\,dA = -\int_{y_h}^{y_b}\rho_2 u_2(u_1-u_2)\,dy \tag{2.93}$$

以上から，式 (2.83) に抗力 $-\vec{F}_D$ を代入し，式 (2.86)，(2.93) を用いると，

結局 $\vec{F}_D$ は次のように表される．

$$\vec{F}_D = \vec{F}_S - \int_{CS} \vec{U}\rho(\vec{U}\cdot\vec{n})\,dA$$
$$= \int_{abhia} -p\vec{n}\,dA + \vec{F}_f + \int_{y_h}^{y_b} \rho_2 u_2(u_1-u_2)\,dy \tag{2.94}$$

ここで，検査面全体にわたって大気圧が作用しており，摩擦を無視できるとすると，式 (2.94) は次のように表される．

$$\vec{F}_D = \int_{y_h}^{y_b} \rho_2 u_2(u_1-u_2)\,dy \tag{2.95}$$

すなわち，検査体積における入り口と出口すなわち，物体の上流と下流における運動量差が物体に作用する抗力となることがわかる．

## 2.6 角運動量方程式

角運動量 (angular momentum) というのは，図 2.20 に示すように原点からある距離離れた位置 $\vec{r}$ における流体粒子がもつ運動量に距離をかけたものである．流体粒子内の微小要素 $dV$ の角運動量は次のように表される．すなわち，微小要素の質量 $dm$ は $dm = \rho dV$ であるから，運動量は $\vec{U}dm$ である．したがって，角運動量は位置ベクトルと運動量ベクトルとの外積であるから，

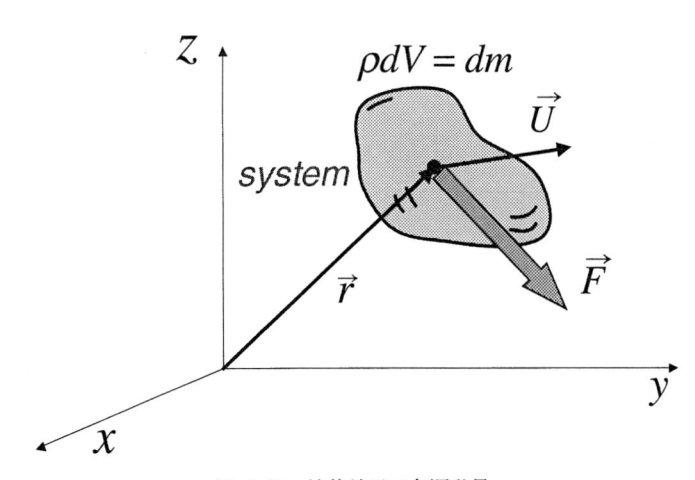

図 2.20 流体粒子の角運動量

$$\vec{r} \times (\vec{U} dm) \tag{2.96}$$

である．したがって，流体粒子全体としては

$$\vec{B} = \int_{sys} \vec{r} \times (\vec{U} dm) \tag{2.97}$$

なお，積分範囲を表す sys とは system の略であり，流体粒子のことを意味する．したがって，

$$\vec{\beta} = d\vec{B}/dm = \vec{r} \times \vec{U} \tag{2.98}$$

であるから，式 (2.74) にこれらを代入すると

$$\frac{D\vec{B}}{Dt} = \frac{d}{dt} \int_{cv} (\vec{r} \times \vec{U}) \rho dV + \int_{cs} (\vec{r} \times \vec{U}) \rho (\vec{U}_r \cdot \vec{n}) dA \tag{2.99}$$

左辺の角運動量の時間変化は原点まわりのモーメントを表すので，原点のまわりに流体粒子を回転させようとする力である．したがって，

$$\frac{D\vec{B}}{Dt} = \sum \vec{M} = \sum \vec{r} \times \vec{F} \tag{2.100}$$

と表せる．$\sum$ を用いたのは，原点まわりに作用するいくつかの力があるとしたからである．ちなみに，$\vec{T} = \vec{r} \times \vec{F}$ は流体粒子を原点まわりに回転させる力であり，トルクと呼ぶ．これを式 (2.99) に代入すると，

$$\sum \vec{r} \times \vec{F} = \frac{d}{dt} \int_{cv} (\vec{r} \times \vec{U}) \rho dV + \int_{cs} (\vec{r} \times \vec{U}) \rho (\vec{U}_r \cdot \vec{n}) dA \tag{2.101}$$

となる．これが角運動量方程式である．

　回転を利用する流体機械の代表としてポンプについてみてみよう．図 2.21 にポンプにおける羽根車の概略図と検査体積を示す．流れは定常であるとする．傘を回転させて雨を飛ばすように，羽根車の回転によって流体を外周に飛ばす．このようなものを遠心ポンプという．飛ばされた流体を補うように入り口から流体が吸い込まれる（連続の式）．図に示すように入り口から流入した流れはある角度で検査体積（ポンプ）内に入り，出口である外側の円周面からある角度をもって流出する．流入および流出速度ベクトルをそれぞれ，$\vec{U}_1$，$\vec{U}_2$ とする．また，それらの速度ベクトルの円周方向成分には $t$ を，半径方向成分（検査面に垂直方向成分）には $n$ を付けて表す．また，体積流量を $\dot{Q}$ で表す．

　定常を仮定することにより，トルクと釣り合うものは式 (2.101) の右辺第 2 項である角運動量流束だけとなる．したがって，次のように表される．

## 2.6 角運動量方程式

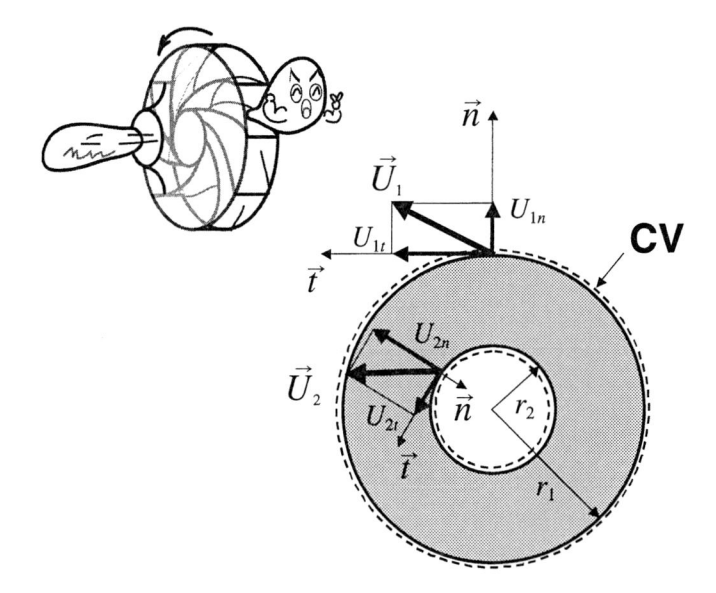

図 2.21 ポンプにおける回転する羽根で流体粒子は元気づく

$$\int_{CS} (\vec{r} \times \vec{U}) \rho (\vec{U}_r \cdot \vec{n}) \, dA = \int_{outlet} r_1 U_{1t} \rho (-U_{1n}) \, dA + \int_{inlet} r_2 U_{2t} \rho (U_{2n}) \, dA$$
$$= 2\pi\rho (r_2^2 U_{2t} U_{2n} - r_1^2 U_{1t} U_{1n}) \tag{2.102}$$

また，式 (2.76) で表される質量保存則から，ポンプの入り口および出口において，次式が成り立つ．

$$\int_{CS} \rho (\vec{U}_r \cdot \vec{n}) \, dA = -2\pi r_1 \rho U_{1n} + 2\pi r_2 \rho U_{2n} = 0$$

$$\therefore \quad U_{1n} = \frac{r_2}{r_1} U_{2n} \tag{2.103}$$

体積流量が $\dot{Q}$ であるから，それぞれの速度は次のように表される．

$$U_{1n} = \frac{\dot{Q}}{2\pi r_1}, \qquad U_{2n} = \frac{\dot{Q}}{2\pi r_2} \tag{2.104}$$

これを式 (2.103) に代入すると，

$$T = \rho \dot{Q} (r_2 U_{2t} - r_1 U_{1t}) \tag{2.105}$$

と表される．いま，回転角速度を $\omega$ で表すと，$U_{1t} = r_1 \omega$，$U_{2t} = r_2 \omega$ であるから，これを用いて式 (2.105) を書き直すと，

$$T = \rho \dot{Q} \omega (r_2^2 - r_1^2) \tag{2.106}$$

となる.

したがって，比 $r_2/r_1$ が大きなポンプほど大きなトルクが必要であることがわかる．羽根車を回転させるのに必要なポンプの動力 $L$ は $L=T\omega$ であるから，式 (2.106) より，

$$L = T\omega = \rho \dot{Q} \omega^2 (r_2{}^2 - r_1{}^2) \tag{2.107}$$

と表される．

### (1) 速度三角形

流体機械においてよく用いられる羽根車入り口および出口における速度三角形 (velocity triangle) を用いた表現を導いておこう．入り口および出口をサフィックス1および2をつけて表す．図 2.22 に羽根車入り口部と出口部における速度ベクトルの関係を示す．半径 $r_1$ の出口において羽根車の周速度と同じ速度が $u_1$，羽根の出口部に沿って流れ出す流体の速度成分が $w_1$ である．それぞれを周速度，相対速度と呼ぶ．これに対し，先に示した，$\vec{U}_1$，$\vec{U}_2$ を絶対速度と呼び，ここではそれぞれ $c_1$，$c_2$ で表す．図 2.22 に示した関係から，

$$U_{1n} = c_{m1} = c_1 \sin \alpha_1, \quad U_{2n} = c_{m2} = c_2 \sin \alpha_2, \quad U_{1t} = c_1 \cos \alpha_1, \quad U_{2t} = c_2 \cos \alpha_2 \tag{2.108}$$

式 (2.108) の関係を式 (2.105) に代入すると，

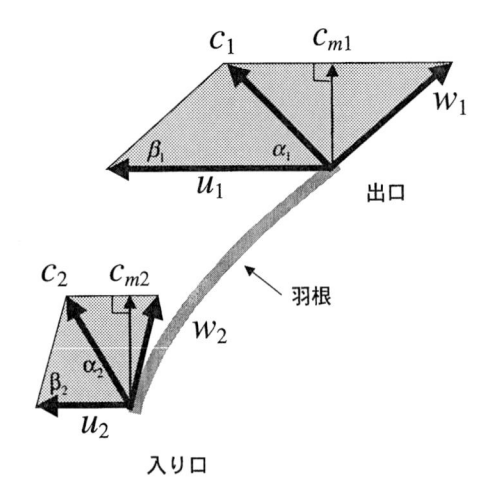

図 2.22 羽根の入り口・出口における速度三角形

## 2.6 角運動量方程式

$$T = \rho \dot{Q}(r_2 c_2 \cos \alpha_2 - r_1 c_1 \cos \alpha_1) \tag{2.109}$$

ここで，$r_1\omega = u_1$, $r_2\omega = u_2$ の関係を用いると，動力は次のように書ける．

$$L = T\omega = \rho \dot{Q}(u_2 c_2 \cos \alpha_2 - u_1 c_1 \cos \alpha_1) \tag{2.110}$$

また，ポンプ効率を $\eta_p$ と書くと，

$$\eta_p T\omega = \rho g \dot{Q} H \tag{2.111}$$

と書き表せる．ここに，$H$ はポンプが与えられる全揚程（ヘッド）である．したがって，

$$H = \frac{\eta_p T\omega}{\rho g \dot{Q}} = \frac{\eta_p}{g}(u_2 c_2 \cos \alpha_2 - u_1 c_1 \cos \alpha_1) \tag{2.112}$$

である．これがポンプにおける基本的な式である．

コラム②

## 実質微分

流体粒子 $p_1$ は時刻 $t$ において，$\vec{r}_1\{x_1(t), y_1(t), z_1(t)\}$ に存在し，そのときの速度は $\vec{U}(\vec{r}_1, t)$ であるとする．また，速度の $x, y, z$ 方向成分をそれぞれ $u, v, w$ とする．この流体粒子の加速度は次のように表される．すなわち，

$$a = \frac{d\vec{U}}{dt} \tag{1}$$

ところが，$\vec{U}$ は上述のように 4 つの変数の関数である．したがって，式（1）を全微分の定義にしたがって，書き直すと次のように表せる．

$$\frac{d\vec{U}}{dt} = \frac{\partial \vec{U}}{\partial t} + \frac{\partial \vec{U}}{\partial x}\frac{dx}{dt} + \frac{\partial \vec{U}}{\partial y}\frac{dy}{dt} + \frac{\partial \vec{U}}{\partial z}\frac{dz}{dt} \tag{2}$$

ここで，$dx/dt = u$, $dy/dt = v$, $dz/dt = w$ であるから，それを用いて式（2）を書き換えると次のようになる．

$$\frac{d\vec{U}}{dt} = \frac{\partial \vec{U}}{\partial t} + u\frac{\partial \vec{U}}{\partial x} + v\frac{\partial \vec{U}}{\partial y} + w\frac{\partial \vec{U}}{\partial z} \tag{3}$$

右辺第一項は流体粒子が受ける速度の時間変化（local derivative）を表す．定常状態（時間的にある量が変化しないこと）ではこの項は 0 である．また，右辺第二，三，四項は流体粒子が異なる場所に移動したとき，その位置における速度が前の位置におけるそれと異なるために生じる加速度である．これらの項を対流微分項（convective derivative）と呼ぶ．たとえば，流れ方向に断面積が変化するノズルやディフューザの場合，2.4 節で示した連続の式（2.61）から断面積が増加（減少）すると速度は減少（増加）

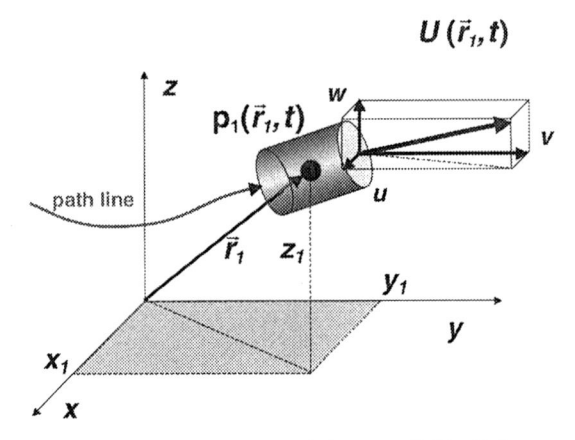

**図 1** 時刻 $t$ における流体粒子 $p_1$ の位置と速度

する．したがって，そのような速度変化のある場所を流体粒子が通過すると，それに伴って減速（加速）される．このように流体粒子が受ける加速度を考える場合，時間による速度変化と場所による速度変化の両方を考慮する必要がある．

流体工学では，式（3）のように表されるある物理量 $B$ の時間微分 $dB/dt$ を $DB/Dt$ のように書き記し，流体粒子が受ける時間変化を表す．もう一度書き下すと次のようになる．

$$\frac{DB}{Dt} \equiv \frac{\partial B}{\partial t} + u\frac{\partial B}{\partial x} + v\frac{\partial B}{\partial y} + w\frac{\partial B}{\partial z} = \frac{\partial B}{\partial t} + (\vec{U}\cdot\nabla)B \tag{4}$$

この $D/Dt$ を流体粒子そのものの時間変化という意味で実質微分（substantial derivative, material derivative）と呼ぶ．

# 3. 流れのエネルギー

## 3.1 熱力学第1法則

　図 3.1 に示すように，流体に熱を加えたり，仕事を加えるといった外部からの作用があると，流体の内部エネルギーが変化する．このときの外部からの作用と内部エネルギー変化とのバランスを表現したのが熱力学第1法則 (first law of thermodynamics) である．流体の内部エネルギーは，流体を構成している分子

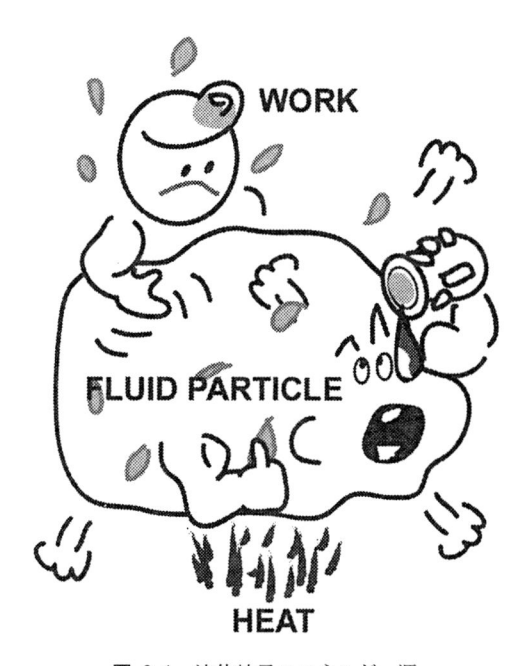

図 3.1 流体粒子のエネルギー源

の移動，振動，回転といった運動エネルギー，分子間力に起因するポテンシャルエネルギー，電子エネルギー，核エネルギーなどの総和である．2.1.3項における静圧において述べたように，容器内の空気に熱が加えられると分子の運動エネルギーが増加するため，内部エネルギーが増加する．この結果，静圧が高まり，容器の空気は移動可能なふたを押し上げ，外部に対して仕事をする（外部からみたら流体に対して負の仕事をする）．

このことから，流体に加えた熱量 $Q$ [J]，外部から流体になされる仕事 $W$ [J] および内部エネルギー $E$ [J] の関係は次式のように表される．

$$dE = \delta Q + \delta W \tag{3.1}$$

ここに，微分記号を内部エネルギーの変化に対しては $d$ を，熱量および仕事の変化に対しては $\delta$ を用いたのは，内部エネルギーは最初と最後の状態にのみ依存する状態量であること，これに対して熱量と仕事は最初の状態から最後の状態に至るまでのプロセス（過程）に依存する量であることを区別するためである．しかし，どちらも微小変化を表す点で同じである．

プロセスには，基本的には断熱過程（adiabatic process），可逆過程（reversible process），等エントロピー過程（isentropic process）などがある．

[断熱過程]：流体に熱を加えないし，また流体から外部へ熱を放出もしない．したがって，式 (3.1) において，$\delta Q = 0$ である．

[可逆過程]：粘性による摩擦熱の発生，熱伝導などを考えなくてもよく，ある方向に進んだ過程をまったく逆にたどると元に戻るようなプロセスである．普通，摩擦熱などを回収することができないために，それが生ずると逆のプロセスをたどって元の状態に戻すことができない．これを可逆過程に対して，非可逆過程（irreversible process）と呼ぶ．

[等エントロピー過程]：断熱および可逆過程の両方を満足するプロセスである．

## 3.1.1 流動しない場合

容器内の流体のように流れを伴わないような場合，外部への仕事 $W$ は 2.1.3 項に示したように $pV$ である．いま，圧縮の場合を考えると，$p$ が増加すると体積 $V$ が減少する．このことから，圧力変化と体積変化が逆の関係となるので，負符号を付けるものとする．したがって，$W = -pV$ であるから，

$$\delta W = \delta(-pV) = -(pdV + V\delta p) = -pdV \tag{3.2}$$

($\because$ $V\delta p = 0$)

と表される.なお,式 (3.2) の右辺において体積変化に $d$ を用いたのは体積変化では初期状態と最終状態がわかればよいからである.これに対して,プロセスに依存するのは圧力変化である.プロセスの違いに対する圧力変化は 2.1.3 項を参照するとよい.$V\delta p = 0$ であるのは,ふたの移動中における瞬間瞬間では内部の圧力と外部の圧力が釣合いを保っているためである.本来,ふたを移動させるためには内部と外部の圧力差がなければならないが,この圧力差が非常に小さく,ふたはゆっくりと移動すると仮定している.

なお,負符号を付けることによって,次のような関係を表す.すなわち,外部から流体に仕事がなされると,圧力が加えられ体積が減少するので,$dV<0$ であり,その結果 $dW>0$ となる.逆に,流体が外部に対して仕事をすると,体積は膨張するので $dV>0$ であり,したがって,$dW<0$ である.したがって,流体から見たとき,流体に対して加えられる仕事を正,流体がする仕事を負と表している.

初期状態および最終状態における諸量にそれぞれサフィックス 1 および 2 を付けて表すものとする.式 (3.1) に式 (3.2) を代入し,初期状態から最終状態まで積分すると次式が得られる.

$$E_{1-2} = Q_{1-2} + W_{1-2} = Q_{1-2} - \int_{V_1}^{V_2} p\,dV \tag{3.3}$$

ここに,$E_{1-2}$ および $Q_{1-2}$ は初期状態から最終状態に至るまでの内部エネルギー変化および加えた熱量を表す.

もし,気体が完全気体でしかも比熱が一定とみなせるならば,加熱されても体積が変化しないようにすると流体は外部に対して仕事をしないので,$W_{1-2}=0$ である.したがって,式 (3.3) は次のように表される.

$$E_{1-2} = Q_{1-2} = nc_v(T_2 - T_1) \tag{3.4}$$

ここに,$c_v$ は定積比熱である.したがって,加えた熱量は内部エネルギーの変化になる.これは式 (2.24) に表した等容変化のものとまったく同じである.また,比熱一定の完全気体では内部エネルギーは温度だけの関数として表されることがわかる.

### 3.1.2 流動を伴う場合

上述のことに対して,たとえば図3.2に示すように,空気が容器の入り口から流入して出口から流出する場合を考えよう.この容器はタービン,ボイラ,圧縮機などである.入り口および出口における状態にそれぞれサフィックス1および2を付けて表すものとする.質量 $m$ の流体粒子が流速 $u$ で運動するときの運動エネルギー,$mu^2/2$,およびその流体粒子の位置エネルギー,$mgz$,が流動する際に流体の保有するエネルギーとして式 (3.1) の左辺に加わる.ここに,$z$ はある基準から測った高さを表す.一方,空気を定常的に流すために,この容器の入り口出口に作用する圧力による力の差に釣り合う力で空気を押し込む仕事が必要になる.押し込むのに必要な外部から加える圧力による仕事を $\delta W_p$ と書く.これは外部から流体に加える仕事であるから,式 (3.1) の右辺に加える.したがって,流体粒子に関するエネルギーバランスを表す式は次のように表される.

$$dE + d\left(\frac{1}{2}mu^2\right) + d(mgz) = \delta Q + \delta W + \delta W_p \tag{3.5}$$

さて,圧力による仕事は先の場合と同様に $W_p = -pV$ であるから,

$$\delta W_p = \delta(-pV) = -(pdV + V\delta p) = -V\delta p \tag{3.6}$$

$$(\because \quad dV = 0)$$

ここに,$dV=0$ であるのは,この容器の容積が変化しないためである.入り口および出口における状態の諸量にそれぞれサフィックス1および2を付けて表すものとする.式 (3.5) に式 (3.6) を代入し,入り口から出口の状態まで積分すると次式が得られる.

$$E_{1-2} + \frac{1}{2}m(u_2^2 - u_1^2) + mg(z_2 - z_1) = Q_{1-2} + W_{1-2} - \int_{p_1}^{p_2} V\delta p \tag{3.7}$$

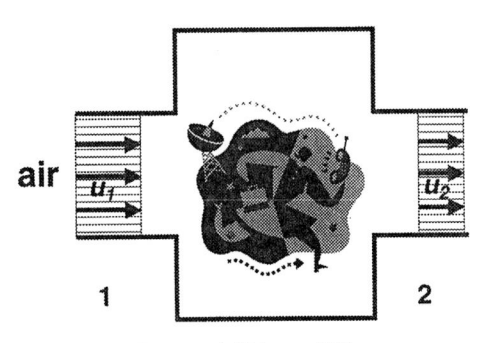

図 3.2 容器内への流動

式 (3.7) の右辺第3項を $V=m/\rho$ を用いて書き換えると，

$$E_{1-2}+\frac{1}{2}m(u_2{}^2-u_1{}^2)+mg(z_2-z_1)=Q_{1-2}+W_{1-2}-m\int_{p_1}^{p_2}\frac{1}{\rho}\delta p \quad (3.8)$$

となる．これが流動状態における熱力学第1法則を表す．左辺が流体が保有するエネルギーであり，右辺が外部から流体に加えられるエネルギー（熱量，仕事）である．この両者が釣り合っていることを表している．

ここで，式 (3.8) の右辺第3項を左辺に移項して式を書き換えると次のようになる．

$$E_{1-2}+m\left\{\frac{1}{2}(u_2{}^2-u_1{}^2)+g(z_2-z_1)+\int_{p_1}^{p_2}\frac{1}{\rho}\delta p\right\}=Q_{1-2}+W_{1-2} \quad (3.9)$$

左辺第2項のようにまとめると，流体を押し込むために加えた仕事は流体内の圧力変化とみなせる．圧力変化はもともと流体自身が保有するエネルギー形態ではないが，この時点であたかも流体が保有するものであるかのように扱える．

いま，入り口および出口における流速の差が無視できるほど小さく，また位置エネルギーの差もないとすると，式 (3.9) から次の関係が求まる．

$$E_{1-2}+m\int_{p_1}^{p_2}\frac{1}{\rho}dp=Q_{1-2}+W_{1-2} \quad (3.10)$$

ここで，

$$E_{1-2}+m\int_{p_1}^{p_2}\frac{1}{\rho}dp=H_{1-2} \quad (3.11)$$

とおくとき，$H_{1-2}$ をエンタルピー（enthalpy）と呼ぶ．このようにすることによって，エンタルピーを流動している流体が保有するエネルギとみなすのである．したがって，式 (3.11) を用いて式 (3.10) を書き換えると次のようになる．

$$H_{1-2}=Q_{1-2}+W_{1-2} \quad (3.12)$$

式 (3.12) から，断熱（$Q_{1-2}=0$）状態で流動する場合には，エンタルピー変化が仕事に変換されることがわかる．これに対して，流動しない場合には圧力差による押し込むための仕事が0であるから，式 (3.11) で表されるエンタルピーは内部エネルギーそのものを表す．したがって，断熱状態では式 (3.3) および式 (3.12) から内部エネルギーの変化が仕事に変わることがわかる．

次に外部からの仕事が作用しない（$W_{1-2}=0$）の場合を考えてみよう．流動しない場合では式 (3.11) および式 (3.12) から $E_{1-2}=Q_{1-2}$ であるから，加えら

れた熱量は内部エネルギーの増加となる．これに対し，流動する場合では $H_{1-2} = Q_{1-2}$ であるから，加えられた熱量はエンタルピー変化になることがわかる．完全流体で比熱が一定とみなせる場合には，エンタルピーは温度だけの関数となる．

## 3.2 エネルギー式

流れる空気に熱を加えたり，仕事をさせたりしたとき，空気がもつエネルギーの変化は熱力学第1法則に従うことを前節でみた．その様子をジェットエンジンを例にして図 3.3 に示す．空気は筒の入り口から流入し，筒内で熱を加えられる．空気流は多段のタービンを回して仕事をする．その仕事を回転軸から外部に取り出す．そして，仕事をした空気は出口から吐き出される．流れは定常とし，検査体積（CV）の形状および大きさなどの時間的変化もないものとして扱う．また，流れは準1次元のものとする．CV の入り口と出口における諸量を区別するため，入り口におけるものにサフィックス 1 を，出口のものには 2 をつけることにする．

2.4 節で述べた検査体積における取扱いを，エネルギーに関して適用してみよう．したがって，$B$ に流体のもつエネルギーを選ぶことにする．質量 $m$ の流体のもつ全エネルギーは前項の式（3.8）にみられるように内部エネルギー，運動エネルギー，位置エネルギーである．これらの総和を $E_t$ と書くことにする．す

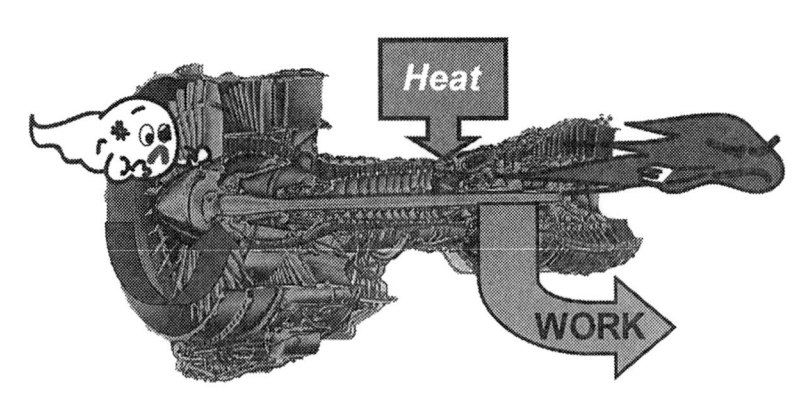

図 3.3 ジェットエンジン

なわち，

$$E_t = E + \frac{1}{2}mu^2 + mgz \tag{3.13}$$

である．したがって，$B=E_t$ であるから，$\beta = dE_t/dm = e_t$ と表される．ここで，$e_t$ は流体の単位質量当りのエネルギーであり，$dE_{1-2}/dm = e_{1-2}$ と書くことにすると，式 (3.13) より，

$$e_t = e + \frac{1}{2}u^2 + gz \tag{3.14}$$

さて，2.4節における式 (2.74) の $B$ および $\beta$ の代りに，$E_t$ および $e_t$ を用いて式 (2.74) を書き換えると，次式のように表される．

$$\frac{DE_t}{Dt} = \frac{dQ}{dt} + \frac{dW}{dt} = \frac{d}{dt}\int_{cv} e_t \rho dV + \int_{cs} e_t \rho (\vec{U}\cdot\vec{n})dA \tag{3.15}$$

ここで，$dQ/dt = \dot{Q}$，$dW/dt = \dot{W}$ と書くと，それぞれの単位が [J/s=W] であることからわかるように，仕事率もしくは動力を表す．仕事 $\dot{W}$ に関してその内訳を次のように表そう．すなわち，

$$\dot{W} = \dot{W}_s + \dot{W}_p + \dot{W}_v \tag{3.16}$$

ここに，$\dot{W}_s$ は軸動力で，＋であれば送風機やポンプなどによって流体に作用させる動力，－であればタービン，水車などによって流体から取り出す動力を表すものである．また，$\dot{W}_p$ は検査面に作用する圧力による動力，$\dot{W}_v$ は検査面に作用する摩擦による動力を表す．したがって，

$$\dot{W}_p = -\int_{cs} p(\vec{U}\cdot\vec{n})dA \tag{3.17}$$

$$\dot{W}_v = \int_{cs} \vec{\tau}\cdot\vec{U}dA \tag{3.18}$$

と表される．したがって，式 (3.15) は次のように書き表せる．

$$\dot{Q} + \dot{W}_s + \dot{W}_v - \int_{cs} p(\vec{U}\cdot\vec{n})dA = \frac{d}{dt}\int_{cv} e_t \rho dV + \int_{cs} e_t \rho(\vec{U}\cdot\vec{n})dA \tag{3.19}$$

左辺第4項は検査面における積分であり，それを右辺に移項し右辺第2項の検査面における積分と一緒にまとめると次のようになる．

$$\dot{Q} + \dot{W}_s + \dot{W}_v = \frac{d}{dt}\int_{cv} e_t \rho dV + \int_{cs} \left(e_t + \frac{p}{\rho}\right)\rho(\vec{U}\cdot\vec{n})dA \tag{3.20}$$

これが検査体積におけるエネルギーバランスを表す式である．

ここで，図 3.2 で表されるような定常の準1次元流れを考える．入り口出口の

諸量にそれぞれサフィックス1および2を付け区別する．式（3.20）の右辺第1項は定常の仮定より0である．また，右辺第2項においては，$\rho(\vec{U}\cdot\vec{n})dA=d\dot{m}$ であるから，積分を行うと，

$$\dot{Q}+\dot{W}_s+\dot{W}_v=\dot{m}_2\left(e_{t2}+\frac{p_2}{\rho_2}\right)-\dot{m}_1\left(e_{t1}+\frac{p_1}{\rho_1}\right) \tag{3.21}$$

が得られる．質量保存則から $\dot{m}_1=\dot{m}_2=\dot{m}$ であるから，両辺を $\dot{m}$ で割ると次の関係が得られる．

$$q+w_s+w_v=\left(e_{t2}+\frac{p_2}{\rho_2}\right)-\left(e_{t1}+\frac{p_1}{\rho_1}\right) \tag{3.22}$$

ここに，$q=\dot{Q}/\dot{m}$，$w_s=\dot{W}_s/\dot{m}$，$w_v=\dot{W}_v/\dot{m}$ である．さらに，$e_t$ を式（3.14）の関係を用いて書き直すと，式（3.22）は次のようになる．

$$q+w_s+w_v=\left(e_2+\frac{1}{2}u_2^2+gz_2+\frac{p_2}{\rho_2}\right)-\left(e_1+\frac{1}{2}u_1^2+gz_1+\frac{p_1}{\rho_1}\right) \tag{3.23}$$

また，エンタルピー，$h=e+p/\rho$，の関係を用いると，式（3.23）は次のようになる．

$$q+w_s+w_v=\left(h_2+\frac{1}{2}u_2^2+gz_2\right)-\left(h_1-\frac{1}{2}u_1^2+gz_1\right) \tag{3.24}$$

これが定常流における単位質量当りのエネルギーバランスを表す式である．

## 3.3 エントロピーと損失

式（3.24）を次のように書き換えてみよう．

$$\frac{1}{2}u_2^2+gz_2+\frac{p_2}{\rho_2}=\frac{1}{2}u_1^2+gz_1+\frac{p_1}{\rho_1}+w_s+w_v-(e_2-e_1-q) \tag{3.25}$$

すなわち，この式は，左辺で表された出口における流体が保有するエネルギーは入り口で流体が保有するエネルギーに外部から動力を加えたものから（　）内でくくられた量を差し引いたものに等しいことを表している．ここで，右辺の（　）でくくった部分，すなわち，$e_2-e_1-q$ の意味を考えよう．

これは内部エネルギーの変化 $e_2-e_1$ と加えた熱量 $q$ の差である．もし，それらの差が等しいとすると加えた熱量は内部エネルギーの変化にすべて消費されたことになる．したがって，$e_2-e_1-q=0$ であるから，式（3.25）は次のように表される．

$$\frac{1}{2}u_2{}^2+gz_2+\frac{p_2}{\rho_2}=\frac{1}{2}u_1{}^2+gz_1+\frac{p_1}{\rho_1}+w_s+w_v \tag{3.26}$$

すなわち,内部エネルギーを考えなくても力学的エネルギーの保存だけを考えればよいことを意味している.内部エネルギーは主に分子の運動エネルギーであるから,ランダムな動きの分子運動のエネルギーを有効に取り出すことが難しい.この意味で内部エネルギーを含まない式 (3.26) は有効なエネルギーのバランスを表しているといえる.

すなわち,$e_2-e_1-q$ の存在は有効なエネルギーからのずれを表すことになる.もし,$e_2-e_1-q>0$ であれば,加えた熱量以上に内部エネルギーが増加したことを意味する.加えた熱量以上に内部エネルギーを増加させる熱量はどこからくるのであろうか? それは運動エネルギーの一部が摩擦熱になってもたらされる.なぜなら,そのほかのエネルギーである位置エネルギーも圧力のエネルギーも静的なものであるからである.摩擦は運動によって生じるから,運動エネルギーの一部が摩擦熱に変化されると考えられる.したがって,これは損失である.逆に $e_2-e_1-q<0$ であれば,内部エネルギーの増加以上に熱量が加えられるので,損失にはならない.以上から,$e_2-e_1-q>0$ のとき損失を表すので,この項を loss と書き,式 (3.25) に代入すると,

$$\frac{1}{2}u_2{}^2+gz_2+\frac{p_2}{\rho_2}=\frac{1}{2}u_1{}^2+gz_1+\frac{p_1}{\rho_1}+w_s+w_v-\mathrm{loss} \tag{3.27}$$

となり,より一層,みやすい形になる.loss は摩擦熱が原因であるから粘性が原因である.逆に loss が発生しない流れは粘性のない流れであるといえる.したがって,loss=0 である式 (3.26) は非粘性の流れのエネルギーバランスを表す式である.これに対して,式 (3.27) は粘性のある流れのエネルギーバランス式である.

### 3.3.1 エントロピー

ここで,熱力学第 1 法則を微小流体要素に適用して考えてみよう.すなわち,

$$de+d\left(\frac{1}{2}u^2\right)+d(gz)+d\left(\frac{p}{\rho}\right)=dq+dw \tag{3.28}$$

また,$d(p/\rho)=pd(1/\rho)+dp/\rho$ であるから,式 (3.28) は次のように書ける.

$$de+d\left(\frac{1}{2}u^2\right)+d(gz)+pd\left(\frac{1}{\rho}\right)+\frac{dp}{\rho}=dq+dw \tag{3.29}$$

微小流体要素が周囲から「可逆的に」受け取る熱量を $dq_r$ とすると，それは微小流体要素内の流体の内部エネルギー変化 $de$ と，微小流体要素が膨張（縮小）することによって微小流体要素まわりに及ぼす（及ぼされる）仕事 $pd(1/\rho) = pdv$ に変換されるので，

$$dq_r = de + pdv \tag{3.30}$$

と表される．ここで，微小流体要素が温度 $T$ の等温状態で変化するものとする．したがって，$de = 0$ である．空気を完全流体とみなし，状態方程式を式 (3.30) に適用すると，

$$dq_r = RT\frac{dv}{v} \tag{3.31}$$

となる．これを次のように書き直す．

$$\frac{dq_r}{T} = R\frac{dv}{v} \tag{3.32}$$

これは温度 $T$ に対する流体粒子要素に加えた熱量 $dq_r$ の比は，微小流体要素の初めの体積 $v$ に対する増加分 $dv$ の比に等しいことを表している．ここで，あらためて $dq_r/T$ を次のように定義する．

$$ds \equiv \frac{dq}{T} \tag{3.33}$$

ここに，$s = \int(dq/T)$ を質量流量当りのエントロピー（entropy）と呼ぶ．式 (3.30) と式 (3.33) から，$Tds = de + pd(1/\rho)$ と書けるので，これを式 (3.28) に代入し，整理すると次式が得られる．

$$(Tds - dq) + d\left(\frac{1}{2}u^2\right) + d(gz) + \frac{dp}{\rho} = dw \tag{3.34}$$

### 3.3.2 損　　失

式 (3.34) の左辺第1項である $Tds - dq$ の意味を考えてみよう．微小流体要素内の流体が $du + pd(1/\rho)$ の変化に対して，熱量 $dq_r = Tds$ を必要とする．しかし，外部から入力された熱量はこの場合 $dq$ であるから，それらの差 $Tds - dq$ の分だけ力学的エネルギーから補充されねばならない．したがって，この差が存在すると，他の項のエネルギーにとっては損失となる．したがってこれを $dq_{loss}$ と書くと，

$$dq_{loss} = Tds - dq \tag{3.35}$$

である．すなわち，$dq_{loss}$ は可逆的な熱量である $Tds$ に対して加えた熱量 $dq$ の「ずれ」を表している．逆にいえば，$dq_{loss}$ は，加えた $dq$ だけでは内部エネルギーの増加と外部に対する仕事に対して不十分であったので，力学的エネルギーから補塡された熱量といえる．損失である $dq_{loss}$ は流体摩擦，熱伝導，質量拡散（密度の一様化）を通じて補塡され，それらは非可逆であるから，損失とみなされる．

### 3.3.3 損失を考慮しない場合のエネルギー式

逆に，もし摩擦などがなく，したがって $dq_{loss}=0$ だとすると，式 (3.35) から $Tds-dq=0$ となる．すなわち，$Tds=dq$ であるから加えた熱量はすべて内部エネルギー変化と流体がする仕事に変換される．これを，式 (3.34) に代入すると，

$$d\left(\frac{1}{2}u^2\right) + d(gz) + \frac{dp}{\rho} = dw \tag{3.36}$$

となり，すなわち加えた熱量は流体運動に無関係となり，力学的エネルギーだけのバランスを考えればよいことがわかる．非粘性の流れでは熱量を考慮に入れなくてもよいことがわかる．

ここで，外部から熱量を加えない場合（断熱変化，$dq=0$）を考えると，式 (3.35) から $dq_{loss}=Tds$ であるので，$Tds$ が損失そのものを表すことになる．さらに，この条件に加えて損失がないとすると，$dq_{loss}=Tds=0$ であるから，$ds=0$ となる．すなわち，断熱かつ非可逆（損失がない）過程では等エントロピーであることがわかる．

空気を完全流体とみなしているため，内部エネルギー変化 $de$ およびエンタルピー変化 $dh$ はそれぞれ温度だけの関数となり，比熱を用いて次のように表される．

$$de = c_v dT, \qquad dh = c_p dT \tag{3.37}$$

比熱を一定とすると，$e=c_v T$，$h=c_p T$ である．式 (2.9) で表される状態方程式および式 (3.37) をエンタルピーの定義 $dh \equiv de + d(p/\rho)$ に代入すると，$c_p - c_v = R$ の関係を得る．これと，比熱比 $\gamma = c_p/c_v$ を用いて，それぞれの比熱を表すと，

$$c_p = \frac{\gamma R}{\gamma - 1}, \quad c_v = \frac{R}{\gamma - 1} \tag{3.38}$$

となる．これら式 (3.37) および式 (3.38) の関係を式 (3.30)，(3.33) で表されるエントロピー変化の定義 $Tds = de + pd(1/\rho)$ に代入すると，

$$ds = c_p \frac{dT}{T} - R \frac{dp}{p} \tag{3.39}$$

を得る．入り口から出口まで積分すると，

$$s_2 - s_1 = \int_{T_1}^{T_2} c_p \frac{dT}{T} - \int_{p_1}^{p_2} R \frac{dp}{p}$$

$$= c_p \ln \frac{T_2}{T_1} - R \ln \frac{p_2}{p_1} = c_v \ln \frac{T_2}{T_1} + R \ln \frac{\rho_1}{\rho_2} \tag{3.40}$$

の関係が得られる．等エントロピーであること，すなわち $s_2 - s_1 = 0$ を式 (3.40) に代入することにより，

$$\frac{p_2}{p_1} = \left(\frac{\rho_2}{\rho_1}\right)^\gamma = \left(\frac{T_2}{T_1}\right)^{\gamma/(\gamma-1)} \tag{3.41}$$

が求められる．これが等エントロピーにおける圧力，密度，および温度間の重要な関係を与える．

したがって，$p/\rho^\gamma = $ const. であるから，これを式 (3.36) の関係に代入し，入り口から出口に向かって積分すると，次の関係が得られる．

$$\left(\frac{u_2^2}{2} - \frac{u_1^2}{2}\right) + \frac{\gamma}{\gamma - 1}\left(\frac{p_2}{\rho_2} - \frac{p_1}{\rho_1}\right) + g(z_2 - z_1) = w_{1-2} \tag{3.42}$$

これが等エントロピー条件における圧縮性（密度が変化する）流れを記述する式である．

### 3.3.4 ベルヌーイの式

これに対し，式 (3.36) において，仕事がなされないすなわち $dw = 0$，非圧縮流れ $\{\rho = $ const. $\therefore pd(1/\rho) = 0$，すなわち密度は変化しない$\}$ として，入り口から出口まで積分すると次式が得られる．

$$\left(\frac{u_2^2}{2} - \frac{u_1^2}{2}\right) + \left(\frac{p_2}{\rho} - \frac{p_1}{\rho}\right) + g(z_2 - z_1) = 0 \tag{3.43}$$

これは断熱，非粘性・非圧縮流れにおける単位質量当りのエネルギーバランス式 [J/kg] である．この流れの状態を図 3.4 に示す．すなわち，左辺の第 1 項が流体の運動エネルギー，第 2 項が圧力により流体に加えられるエネルギー，第 3 項

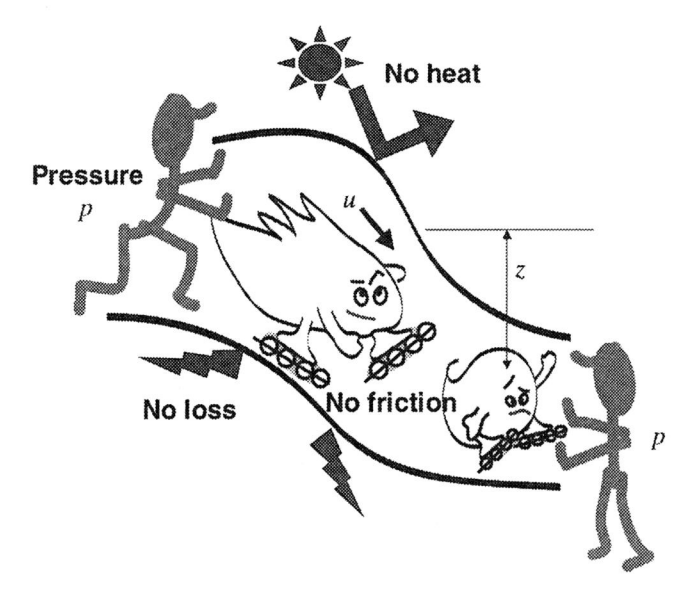

図 3.4 ベルヌーイの式はないないづくし

が位置エネルギーを表し，それらの総和が一定であることを意味している．

この式 (3.43) の両辺に密度 $\rho$ をかけて次式のようにかく．

$$\frac{\rho u_1^2}{2}+p_1+\rho g z_1=\frac{\rho u_2^2}{2}+p_2+\rho g z_2=\text{const.} \tag{3.43}'$$

この式の各項は圧力の単位をもつ．式 (3.43) またはこの式をベルヌーイの式 (Bernoulli's equation) と呼ぶ．

## 3.4 圧縮性流れ

エネルギーバランスを表す式 (3.24) において，外部から熱および仕事を加えない，ポテンシャルエネルギーは無視するなどの条件を付加させ，さらに完全ガスにおける $h=c_p T$ の関係をこれに代入して書きかえると，

$$c_p T+\frac{u^2}{2}=c_p T_0 \tag{3.44}$$

が得られる．ここに，サフィックス1および2を省略した．また，サフィックス0はサフィックス1および2で示された点が存在する流線上において，$u=0$ と

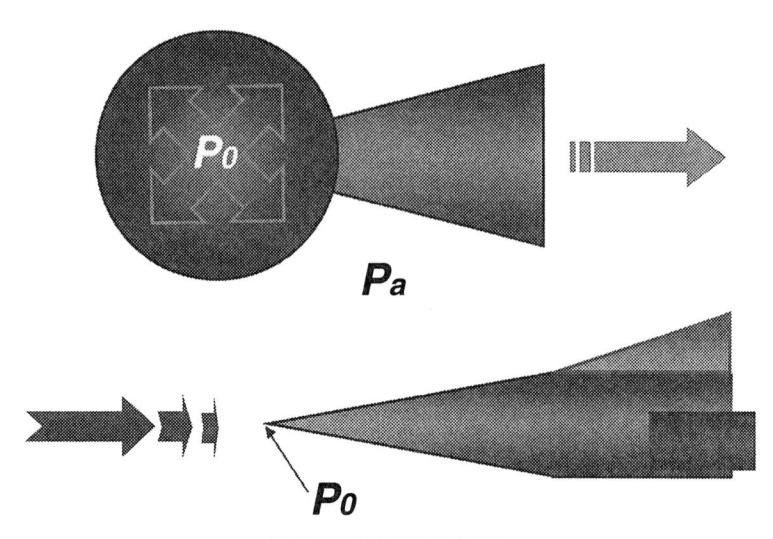

図 3.5 超音速流れを得る

なるよどみ点の値を示す．たとえば図3.5に示すようにタンク内の状態，航空機のノーズの先端などにおける状態である．よどみ点における温度と流線上の任意の点における温度の比を求めるために，音速を表す $a=\sqrt{\gamma RT}$ の関係式を式 (3.44) に代入すると，$T/T_0$ は次のように表される．

$$\frac{T}{T_0} = \frac{1}{1+\frac{\gamma-1}{2}M^2} \tag{3.45}$$

この式と，等エントロピーにおける圧力，密度，温度の関係を表す式 (3.41) を用いると，流線上の圧力および密度が，よどみ点におけるそれぞれの値に対して次のように求められる．

$$\frac{p}{p_0} = \left(\frac{1}{1+\frac{\gamma-1}{2}M^2}\right)^{\gamma/(\gamma-1)} \tag{3.46}$$

$$\frac{\rho}{\rho_0} = \left(\frac{1}{1+\frac{\gamma-1}{2}M^2}\right)^{1/(\gamma-1)} \tag{3.47}$$

すなわち，等エントロピーの圧縮性流れにおいては，温度，圧力および密度はマッハ数 $M$ のみの関数であることがわかる．

## 3.4 圧縮性流れ

ここで，$M=1$ のとき，すなわち，流れの速度が音速であるときにおける，いわば特別な条件における諸量を求めておこう．このときにおける諸量に * を付けて区別する．式 (3.45)，(3.46) および式 (3.47) に $M=1$ を代入すると，

$$\frac{T^*}{T_0} = \frac{2}{\gamma+1}$$

$$\frac{p^*}{p_0} = \left(\frac{2}{\gamma+1}\right)^{\gamma/(\gamma-1)} \qquad (3.48)$$

$$\frac{\rho^*}{\rho_0} = \left(\frac{2}{\gamma+1}\right)^{1/(\gamma-1)}$$

が求められる．いま，空気を扱うとすれば，$\gamma=1.4$ であるから，それを式 (3.48) に代入すると，それぞれの比の値は，$T^*/T_0=0.833$, $p^*/p_0=0.528$, $\rho^*/\rho_0=0.634$ と求められる．すなわち，図 3.5 に示したタンク内から空気を等エントロピー変化として吹き出した場合，温度や圧力の値はタンク内における値から図 3.6 に示すように徐々に下がる．最も狭まったところで流速は音速となり，そこでそれぞれの量は上述の値を示す．それより下流では流速は音速を越え超音速流れとなる．

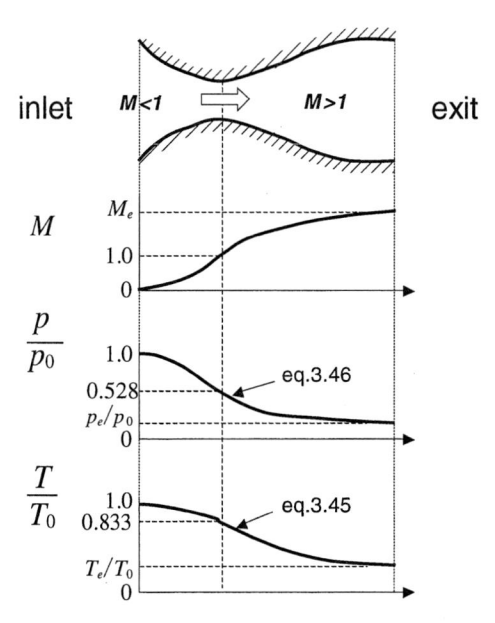

図 3.6 流路内流れが等エントロピー変化をした際の諸量の変化

空気の流れは非圧縮性流れなのか圧縮性流れなのか？ それを区別する明確な理由がないので，便宜上，密度変化が5%以内であれば密度変化を考慮しなくてもよいであろうという取り決めをする．式 (3.47) に，空気における $\gamma=1.4$ を代入し，$\rho_0/\rho<0.05$ となる $M$ を求めると，$M<0.3$ となる．すなわち，マッハ数が 0.3 より小さい流れ（約 360 km/h，または約 100 m/s）では，空気の圧縮性を考慮しなくてもよいとするのである．

## 3.5 準1次元の等エントロピー流れ

2.4 節で示した準1次元流れにおいて，圧縮性を考慮した等エントロピーの流れについて考えてみよう．質量保存則から

$$\rho_2 A_2 u_2 - \rho_1 A_1 u_1 = 0 \tag{3.49}$$

同様に，運動量保存則からは次の関係が求まる．

$$\rho_2 u_2^2 A_2 - \rho_1 u_1^2 A_1 + p_2 A_2 - p_1 A_1 = \int_{A_1}^{A_2} p dA \tag{3.50}$$

ここに，$\int_{A_1}^{A_2}$ は図 3.7 に示すように CV の外側面にかかる圧力の $x$ 方向成分を表している．

ここで式 (3.50) において，$\rho_1=\rho$, $p_1=p$, $u_1=u$, $A_1=A$, $\rho_2=\rho+d\rho$, $p_2=p+dp$, $u_2=u+du$, $A_2=A+dA$ と書き換え，さらに微小変化の2乗の項（たとえば $dpdA$）を無視すると，次の関係を得る．

$$Adp + Au^2 d\rho + \rho u^2 dA + 2\rho u A du = 0 \tag{3.51}$$

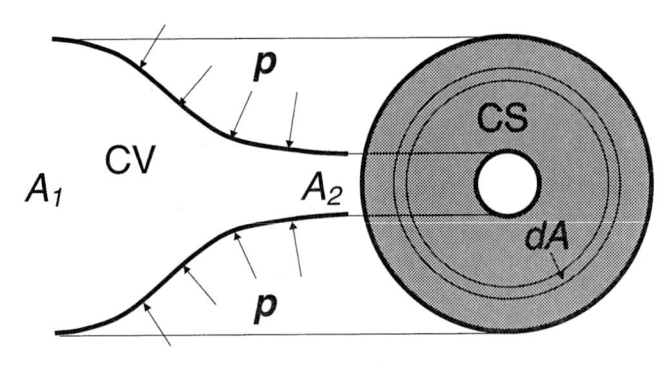

図 3.7 流管に作用する圧力

また，連続の式である式（3.49）も同様に書き換えると，次式が得られる．
$$\rho u^2 dA + \rho u A du + A u^2 d\rho = 0 \tag{3.52}$$
式（3.51）と式（3.52）から，次の関係式を得る．
$$d\rho = -\rho u du \quad \text{あるいは} \quad d\left(\frac{u^2}{2}\right) = -\frac{dp}{\rho} \tag{3.53}$$
これを，1次元のオイラー（Eular）の運動方程式と呼ぶ．

これらを使って，重要な関係を求めよう．式（3.52）を $\rho u^2 A$ で割ると，次式を得る．
$$\frac{d\rho}{\rho} + \frac{du}{u} + \frac{dA}{A} = 0 \tag{3.54}$$
ここで，式（3.53）から，$d\rho/\rho = (dp/d\rho)(d\rho/\rho) = -udu$ であり，音速が $a = \sqrt{dp/d\rho}$ であることを考慮すると，
$$\frac{d\rho}{\rho} = -\frac{udu}{a^2} = -M^2 \frac{du}{u} \tag{3.55}$$
と表されるので，これを式（3.54）に代入すると次の関係が得られる．
$$\frac{dA}{A} = (M^2 - 1)\frac{du}{u} \tag{3.56}$$
これが準1次元流れの断面積と速度の関係を与える重要な式である．

この式が意味するところを考えてみよう．まず，$0 \leq M < 1$（亜音速流れ）の場合，$M^2 - 1 < 0$ であるから，$dA/A$ が増加（減少）すると $du/u$ は減少（増

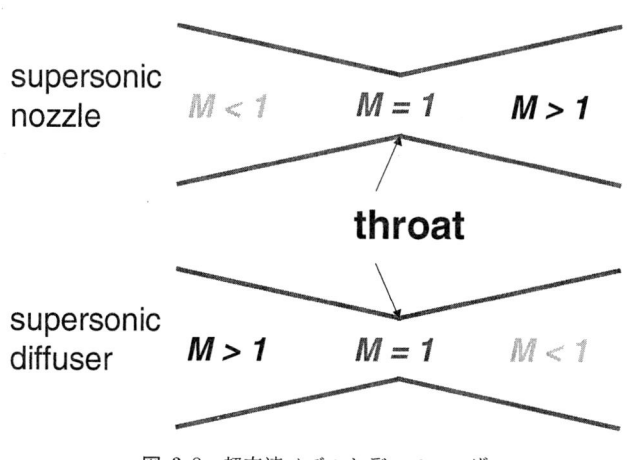

図 3.8 超音速ノズルとディフューザ

加)する.逆に,$M>1$(超音速流れ)の場合,$M^2-1>0$であるから,$dA/A$が増加(減少)すると$du/u$は増加(減少)する.$M=1$(音速流れ)の場合,$M^2-1=0$であるから,$du \neq 0$に対して,$dA=0$である.すなわち,有限の速度変化に対して断面積の微係数が0であることから,$M=1$となるところで断面積が最小となることを意味している.この部分をスロート(throat)と呼ぶ.図3.8に超音速ノズルおよびディフューザを示す.

コラム③

### 車 の 燃 費

車の空気抵抗から燃費を見積もってみよう.例として,車重1251 kg,投影面積$A=1.77 \text{ m}^2$,抵抗係数$C_D=0.38$,タイヤと路面との摩擦係数$\mu_r=0.015$の諸量をもつ車を取り上げよう.高速度道路を時速100 km/hで1時間走行するものとする.

等速走行中に車に作用する空気抵抗$F_{air}$と,路面とタイヤとの間における転がり抵抗$F_{roll}$との和に等しい力がエンジンで生み出す力$F_t$となる.したがって,

$$F_t = F_{air} + F_{roll}$$
$$= C_D \left(\frac{1}{2}\rho U^2\right) A + \mu_r W \tag{1}$$

ここに,$W$は重さである.また,$\rho$は空気の密度である.上述の値を式(1)に代入すると$F_t$は次のように求まる.

図1 燃費は？

## 3. 流れのエネルギー

$$F_{air} = 0.38 \times \left\{\frac{1}{2} \times 1.23 \times \left(\frac{100 \times 10^3}{3600}\right)^2\right\} \times 1.77 = 319$$

$$F_{roll} = 0.015 \times 1251 \times 9.8 = 184$$

$$F_t = F_{air} + F_{roll} = 319 + 184 = 503 \ [\text{N}]$$

したがって，この力で 100 km/h の速度で走るのだから，それに必要なパワー（動力）$P$ は，

$$P = F_t \times U = 503 \left(\frac{100 \times 10^3}{3600}\right) = 14000 \ [\text{W}] \tag{2}$$

と求められる．なお，車速が 2 倍の 200 km/h であるときは，同様の計算により抵抗に釣り合って一定速度で走行するためには 81200 W＝110 hp（hp：馬力）のパワーが必要となることがわかる．

さて，式(2)によって求められたパワーで，1 時間走行するのに必要な総エネルギー $E_{car}$ は，

$$E_{car} = P \times t = 14000 \times (60 \times 60) = 5.04 \times 10^7 \ [\text{J}] \tag{3}$$

である．

一方，ガソリンのもつエネルギー（$3.5 \times 10^7$ J/$l$）のうち，15％がエンジンのパワーを生み出すのに有効に使えるとすると，ガソリン 1 $l$ 当りのエネルギー $e_{gasoline}$ は，

$$e_{gasoline} = 3.5 \times 10^7 \times 0.15 = 5.25 \times 10^6 \ [\text{J}/l] \tag{4}$$

である．したがって，1 時間走行するのに必要なガソリンの量は式（3）と（4）より，

$$V_{gasoline} = \frac{E_{car}}{e_{gasoline}} = \frac{5.04 \times 10^7}{5.25 \times 10^6} = 9.60 \ [l] \tag{5}$$

と求められる．100 km/h の速度で，1 時間走行すると，100 km の距離を走ることになる．また，そのとき消費するガソリン量は式（5）で与えられるから，燃費 $FC$（fuel consumption per unit distance）は，

$$FC = \frac{100}{9.6} = 10.4 \ [\text{km}/l] \tag{6}$$

と求められる．以上をまとめると，$FC$ は次のように表せる．

$$FC \propto \frac{1}{C_D \rho U^3 A} \tag{7}$$

すなわち，燃費は車速の 3 乗に反比例するから，燃費をよくするためにはあまり速度を上げないことが必要である．車速はユーザーに依存するので，エンジニアサイドで燃費を向上させるには抵抗係数 $C_D$ を下げること，車の投影面積を小さくすることが重要なポイントになることが式（7）からわかる．もちろん，ガソリンから取り出せる有効エネルギーの向上も必要である．

# 4. 物体まわりの流れ

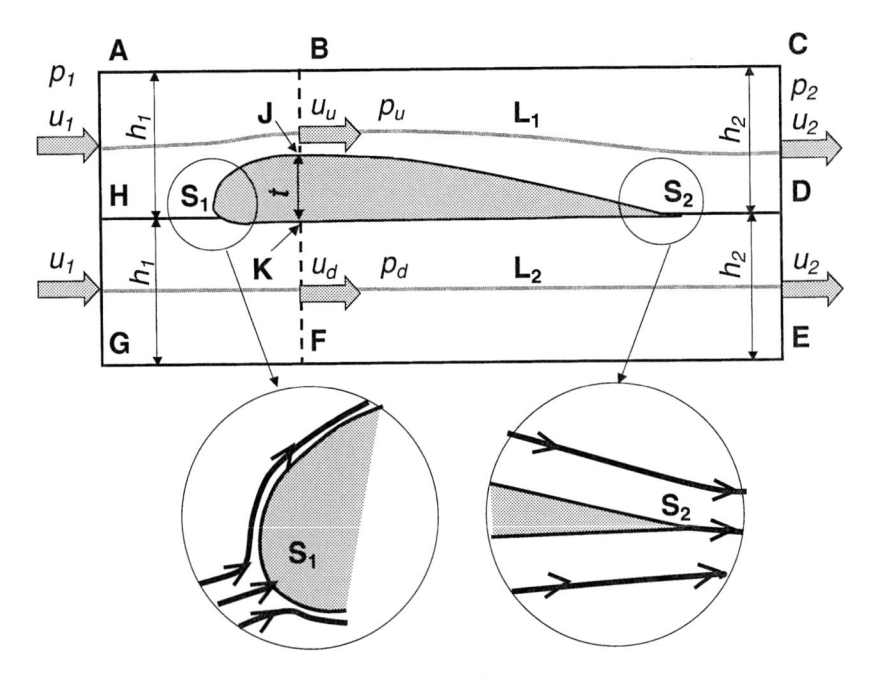

## 4.1 翼まわりの流れ

### 4.1.1 翼 形 状

翼のことをまず知っておこう．紙面に垂直方向の長さが 1 (単位長さ) である 2 次元翼まわりの流れを図 4.1 に示す．翼は流線型 (streamlined body) であり，したがって翼表面は流線の一部である．すなわち，翼表面を横切る流れは存

図 4.1 翼まわりの流れ

在しないことを意味している．一般的に，翼は上面の形状と下面の形状が異なっている．翼の前縁部（leading edge）におけるよどみ点を $S_1$，後縁部（trailing edge）におけるよどみ点を $S_2$ とする．これらは必ずしも幾何学上の前縁や後縁に一致する必要はない．翼の前縁から後縁までの長さをコード長（cord length）と呼び，その長さを $c$ で表す．また，翼の厚さを翼厚と呼び，その厚みを $t$ で表す．$t$ はコード長方向に変化し，一般的にそれを表す関数が与えられる．たとえば，NACA 0012 という 4 桁の数字で表される対称翼型（コード方向の厚みの分布がコード方向軸に対して対称）は

$$t(x) = \pm \frac{t'}{0.2}(0.2969 x^{0.5} - 0.126 x - 0.3516 x^2 + 0.2843 x^3 - 0.1015 x^4) \tag{4.1}$$

と与えられる．ただし，$t'$ は最大翼厚/コード長を表し，NACA 0012 では $t' = 0.12$ である．

### 4.1.2　翼表面に作用する圧力

図 4.1 に示すように，翼上面側の検査体積を $ABCDS_2JS_1HA$ とし，翼下面側のものを $GFEDS_2KS_1HG$ としよう．ここに，線 AC と線 GE は翼から十分離れており，互いに平行であるとする．さらに，上面における検査体積を通る流線を $L_1$，下面における検査体積を通る流線を $L_2$ とする．なお，それらの位置の差は無視できるとする（$z_{L_1} \cong z_{L_2}$）．翼上面および下面の検査体積におけるそれぞれの入り口高さと出口高さが同じ場合（$AH = GH = CD = ED = h_1 = h_2$），速度と圧力の変化を考えてみよう．ただし，流れは非圧縮とする．

翼上面の検査体積 $ABCDS_2JS_1HA$ の奥行き方向の長さは単位長さ 1 であることから，上流における断面 AH（サフィックス 1 を付けて表す）において，断面積は $A_1 = h_1 \times 1$ である．また，一様流の速度が $u_1$，圧力が $p_1$ であるとする．翼厚が最大となる断面において，翼厚分だけ断面積が小さくなるため，そこの断面積は $A_u = (h_1 - t) \times 1$ である．下流では，断面 CD（サフィックスの 2 を付けて表す）の断面積は入り口と同じになる（$A_2 = h_2 \times 1 = h_1 \times 1 = A_1$）．流線 $L_1$ 上における連続の式およびベルヌーイの式を次に示す．すなわち，

$$u_1 A_1 = u_u A_u = u_2 A_2 \tag{4.2}$$

$$\frac{\rho u_1{}^2}{2}+p_1=\frac{\rho u_u{}^2}{2}+p_u=\frac{\rho u_2{}^2}{2}+p_2 \tag{4.3}$$

である.ここに,$u_u$ および $p_u$ は最大翼厚を示す断面における翼上面側の速度および圧力を表す.これらより,上流 AH 断面における速度および断面積を基準に,最大翼厚部分の断面における速度および圧力を次のように表すことができる.

$$u_u=\frac{A_1}{A_u}u_1=\frac{1}{1-t'/h_1} \tag{4.4}$$

$$p_u=p_1+\frac{\rho u_1{}^2}{2}\left\{1-\left(\frac{A_1}{A_u}\right)^2\right\} \tag{4.5}$$

同様にして,下面側の検査体積 $GFEDS_2KS_1HG$ における速度と圧力は,

$$u_d=\frac{A_1}{A_d}u_1 \tag{4.6}$$

$$p_d=p_1+\frac{\rho u_1{}^2}{2}\left\{1+\left(\frac{A_2}{A_d}\right)^2\right\} \tag{4.7}$$

と表される.ここに,$u_d$ および $p_d$ は最大翼厚断面における翼下面側の速度および圧力を表す.しかし,この場合,設定条件より $A_d=A_1$ であることから,

$$u_d=u_1, \qquad p_d=p_1 \tag{4.8}$$

である.ここで,翼の上下面における圧力差を式(4.5)と式(4.7)から求めると(通常,異なる流線上の値を比べることはできないが,この場合,上流における全ヘッドが等しいので,このように差を取ることができる),

$$\begin{aligned}&p_u-p_d=\frac{\rho u_1{}^2}{2}\left\{1-\left(\frac{A_1}{A_u}\right)^2\right\}\\ &\therefore\ C_p=\frac{p_u-p_d}{\rho u_1{}^2/2}=1-\left(\frac{A_1}{A_u}\right)^2=1-\left(\frac{1}{1-t'/h_1}\right)^2\end{aligned} \tag{4.9}$$

式(4.9)において,$0<t'/h<1$ であるから,$C_p<0$ であることがわかる.すなわち,翼上面は負圧(周囲圧力より低い)であり,これによって上向きの力が生じることがわかる.また,翼厚が厚いほど負圧が大きくなることがわかる.すなわち,翼の上下における流れにおいて流速変化や圧力変化の差が大きいほど上向きの力は大きくなることがわかる.

### 4.1.3 揚力・抗力

この圧力差がどの程度かを見積もってみよう.ジャンボ旅客機の主翼面積 $S$

は約 500 m² であり，重量 $W$ は約 300 t である．揚力 $L$ が主翼上下面における圧力差に主翼面積をかけたものであるとすると，定常飛行中その揚力は重量と釣り合わなくてはならない．したがって，

$$L=|p_u-p_d|S=W$$
$$\therefore \ |p_u-p_d|=\frac{W}{S}=\frac{300\times10^3\times9.8}{500}=5880 \ \ [\text{Pa}] \tag{4.10}$$

ここに，$S$ は翼面積であり $S=cb$ である．なお，$c$ は翼のコード長，$b$ は翼のスパン方向長さである．これを気圧に換算するとわずか 0.058 気圧である．すなわち，翼上面では周囲より 0.058 気圧だけ低ければジャンボ機の重量を支えることができるのである．この気圧差を生むために，式 (4.4) および式 (4.9) から，翼上面における速度 $u_u$ は $u_u=1.5u_1$ であることがわかる．

一般に，この上向きの力 $\vec{F}(F_x, F_y)$ は上流の流れの方向に対して傾いている．このことを図 4.2 に示す．この力を上流における流れの方向に対して垂直および水平成分に分解したとき，垂直成分 $F_y$ を揚力 (lift) $L$，水平成分 $F_x$ を抗力 (drag) $D$ と呼んでいる．普通，翼ではこの作用する力の傾きによる抗力成分が小さくなるように設計する．

しかし，4.3 節で述べるように翼がスパン方向に有限の長さである（3 次元性）ために，この作用力が下流側に傾くことに起因する抗力成分が発生してしまう．これを誘導抵抗（induced drag）と呼ぶ．

翼の抗力の大半は，翼表面と流れとの摩擦による抵抗である．これを摩擦抵抗（friction drag）と呼ぶ．壁面との摩擦が影響する部分を境界層流れ（boundary

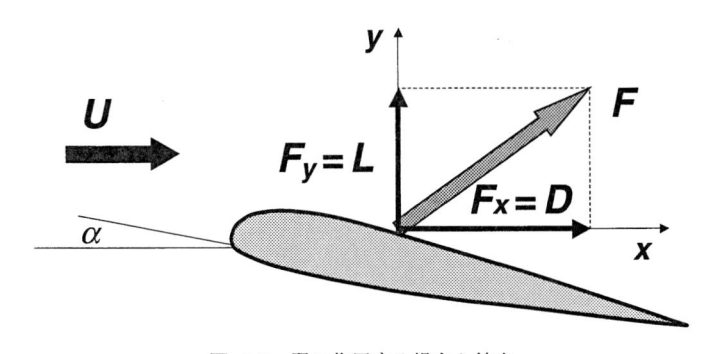

図 4.2 翼に作用する揚力と抗力

layer) と呼んでいる．境界層というのは，壁面から遠ざかるにつれて速度が壁面上の 0 から主流速度まで変化する部分の流れをさす．この詳細は 4.4 節で述べる．

いずれにしても翼の性能を表すのに，揚力と抗力の比である揚抗比を用いる．揚抗比は迎角によって変化し，最大揚抗比を示す迎角が存在する．この最大揚抗比が大きいほど性能が良い翼である．

航空機においては，先の例でも示したように翼の揚力とバランスする力が重力であり，抗力にバランスするものが推力となる．重心と力の作用点がずれている場合にはモーメントが作用する．これらの力を動圧×翼面積で除したものをそれぞれ，次のように表し，揚力係数，抗力係数，モーメント係数と呼ぶ．

$$C_L = \frac{L}{(\rho u_1^2/2)S} \tag{4.11}$$

$$C_D = \frac{D}{(\rho u_1^2/2)S} \tag{4.12}$$

$$C_M = \frac{M}{(\rho u_1^2/2)Sl} \tag{4.13}$$

ここに，$L$ は揚力 [N]，$D$ は抗力 [N]，$M$ はモーメント [Nm] である．翼の場合，用いる面積 $S$ は 4.2 節に示す鈍い物体の場合における投影面積ではないことに注意する．したがって，翼の迎角には無関係である．また，$l$ はいくつ

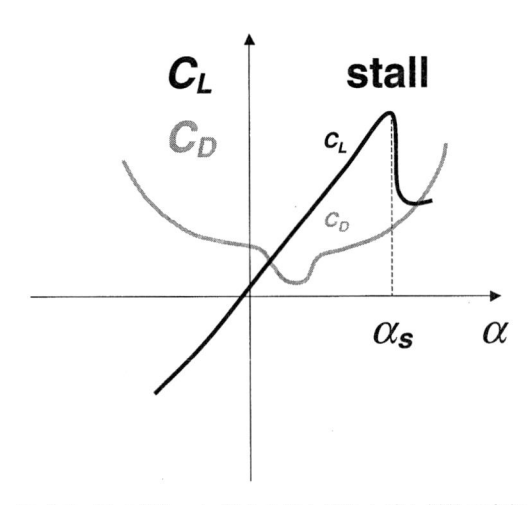

図 4.3 翼の仰角 $\alpha$ に対する揚力係数と抗力係数の変化

かの取り方があるが，重心，空力中心，1/4 コードなどから作用点までの距離である．したがって，どの点に対するモーメントかを明記する必要がある．

揚力係数は次式で示すように迎角に比例して増加する．すなわち，迎角が大きいほどそれに比例して揚力も大きくなる．

$$C_L \propto ka \tag{4.14}$$

ここに，$k$ は翼によって異なる比例定数である．また，$a$ は迎角を度で表したものである．迎角に対する揚力係数および抗力係数の変化を図 4.3 に示す．迎角を大きくすると揚力は迎角にほぼ比例して大きくなるが，抗力も大きくなることがわかる．迎角を十数度まで増加させると，普通，急に $C_L$ の値が減少する．これは航空機の翼でいうところの失速が原因である．迎角が大きくなると流れが翼前縁を曲がりきれずに，剥離してしまうためである．

### 4.1.4 循 環

もし，翼が上下対称で，流れにも対称におかれているとこの翼には揚力は作用しない．この場合揚力を発生させるには，流れに対して若干の角度（迎角という）をもたせて設置する．このようにすることにより，翼まわりの流れは上下非対称となり，上述のように揚力を発生させることができる．揚力はクッタ・ジュコフスキーの定理（Kutta-Joukowski theorem）から物体まわりの循環（circulation）によって次式で表される．

$$L = \rho U \Gamma \tag{4.15}$$

ここに，循環は次のように定義される．

$$\Gamma = 2\pi r u = 2\pi r^2 \Omega = \pi r^2 \omega \quad [\text{m}^2/\text{s}] \tag{4.16}$$

ここに，$r$ は渦中心からの距離，$u(=r\Omega)$ は $r$ 位置における周速度，$\Omega$ は渦の回転角速度 [rad/s]，$\omega(=2\Omega)$ は渦度である．この循環の発生により，翼上面を流れてきた流れと下面を流れてきた流れは翼後縁において速度差が生じないようスムースに出会い平行に流れ去ることになる（図 4.1 参照）．このような状態になることをクッタの条件（Kutta condition）を満足するという．

図 4.4 に示すように，ケルビンの循環定理（循環は不変；Kelvin's circulation theorem）によって，出発渦（starting vortex）のような翼から放出された渦の循環を打ち消すように翼まわりの循環が発生する．ヘルムホルツの渦定理（Helmholtz's vortex theorem）より渦は流体中においてそれ自身閉じていなけ

starting vortex

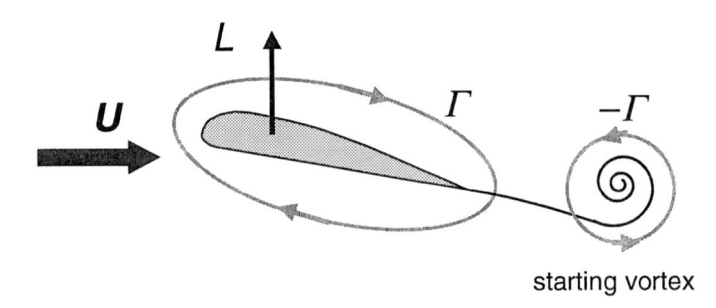

$$L = \rho U \Gamma$$

図 4.4 出発渦と翼まわりの循環

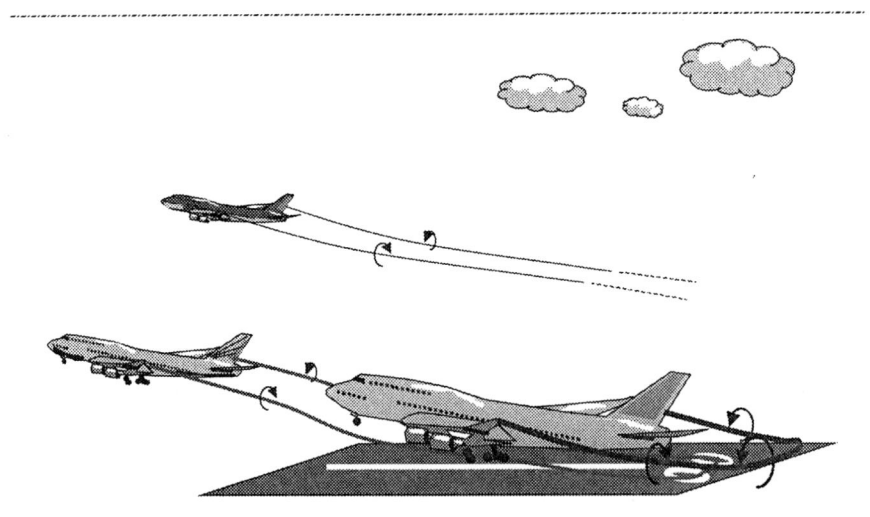

図 4.5 飛行機と空港は渦でつながっている（飛行機雲はこの渦が原因）

ればならないかもしくは境界に達していなければならないので，翼が3次元であれば，翼端から放出される翼端渦がこの出発渦につながっている．したがって，図 4.5 に示すように空港には航空機の残した出発渦が多数存在し，それぞれに各航空機が翼端渦でつながっている．なお，飛行機雲は上空の翼端渦が水蒸気により可視化されたものである．

　ここに挙げたいくつかの定理は，非粘性を仮定した完全流体において導かれたものであり，実在流体では粘性のために渦はある時間の後に消滅する．ある時間 $t$ 後に渦の中心からある距離 $r$ 離れた位置まで粘性の影響が及んでいるとする

と，その距離は次式のように表される．
$$r = \sqrt{4\nu t} \tag{4.17}$$
したがって，粘性の影響が及ぶ位置すなわち $r$ までを渦の半径とすれば，渦の断面積は時間 $t$ に比例して増加する．ケルビンの循環は変化しないという定理から循環が一定であるとすると，渦の断面積が増大すると渦度は減少する．すなわち，渦の回転速度が時間に比例して減少することになる．したがって，粘性が存在する以上いつまでも一定回転速度では回り続けることができないことがわかる．

## 4.2　非流線型の物体（鈍い物体）まわりの流れ

流線型でない物体を総称して鈍い物体（bluff body）という．図 4.6 に示すように，どのような物体でも前方のよどみ点 $S_1$ からある位置（図では $S_{p_1}$, $S_{p_2}$）までは流れは壁面に沿って流れているが，途中から壁面に沿わずに離れていってしまう．流れが壁面から離れることを剥離するといい，離れていく起点を流れの剥離点（$S_{p_1}$, $S_{p_2}$）と呼ぶ．剥離を伴う物体はもはや流線型ではない．これを鈍い物体と呼ぶ．したがって，翼でも剥離を起こせば，図 1.7 で示したように流線ではなく鈍い物体へ格下げとなる．

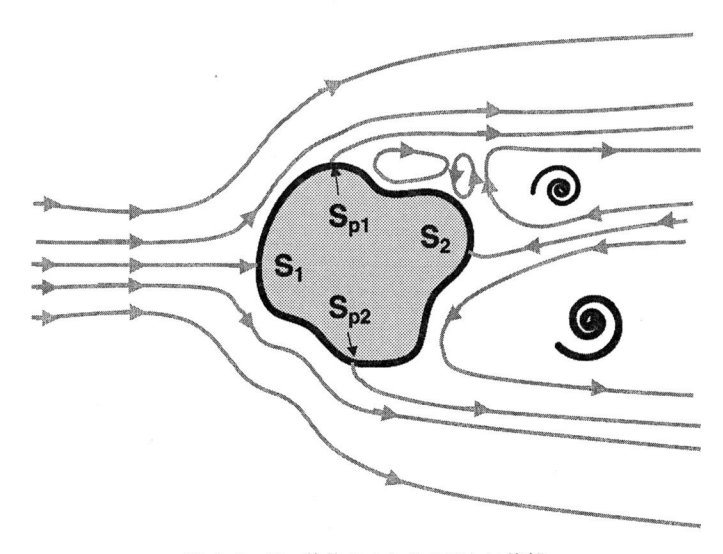

図 4.6　鈍い物体のまわりの流れは複雑

通常，剥離している物体の後方には規則的な渦の列が観測される．ある地点において単位時間当りの渦の通過個数（周波数 $f$）を数えると，物体の代表寸法 $d$ と主流速度 $U$ との間に次に示す関係がある．

$$f = St\frac{U}{d} \tag{4.18}$$

この $St$ はストローハル数（Strouhal number）と呼ばれ，無次元周波数を表す．円柱の場合，$3\times10^2 < Re < 3\times10^5$ の範囲では，$St=0.2$ である．円柱から規則的に放出された渦の列をとくにカルマン渦列と呼ぶ．円柱においてカルマン渦列が観測されるのは $Re>44$ からである．しかし，レイノルズ数によっては必ずしもきれいな渦列とはならずに様々な流れパターンが観察される．

薄い平板に垂直に流れが当たる場合には，上記のレイノルズ数範囲において $St=0.14$ である．これが長方形断面の矩形柱では，縦横比によって異なる値を示す．縦横比が 2.8 になるまで増加する（流れ方向に長い長方形断面）にしたがい，ストローハル数は平板における 0.14 から 0.05 程度まで値が減少する．しかし，それより縦横比が大きくなるとまた 0.14 程度の大きさに不連続に増加する．このような変化は上流角部から剥離した剥離せん断層が壁面に再付着するか否かに依存する．

### 4.2.1 円柱まわりの流れ

円柱表面近くの流れ（境界層流れ）が後流の流れパターンに影響する．翼の場合と同様，円柱表面においても，壁面近傍においては摩擦のために境界層が形成される．境界層の詳細については，4.4節で述べる．レイノルズ数によって，円柱の境界層流れは層流から乱流へ遷移する場合もある．また，層流剥離，剥離泡の形成，乱流剥離などの形態がみられる場合もある．したがって，円柱表面に作用する圧力分布もそれぞれの場合によって異なるために，それを円周にわたって積分して得られる力が異なることになる．

レイノルズ数による円柱の抗力係数の変化を図 4.7 に示す．図中 $Re=10^5$ 付近において，$C_D$ が急激に低下する．この理由は境界層が乱流状態で剥離するため，層流剥離の場合と次の点で異なるからである．すなわち，前方よどみ点から測った剥離点までの角度が，層流剥離の場合では 82° であるのに対し，乱流剥離の場合には 120° となるため，後流の幅が狭くなる．また，円柱後方壁面上の負

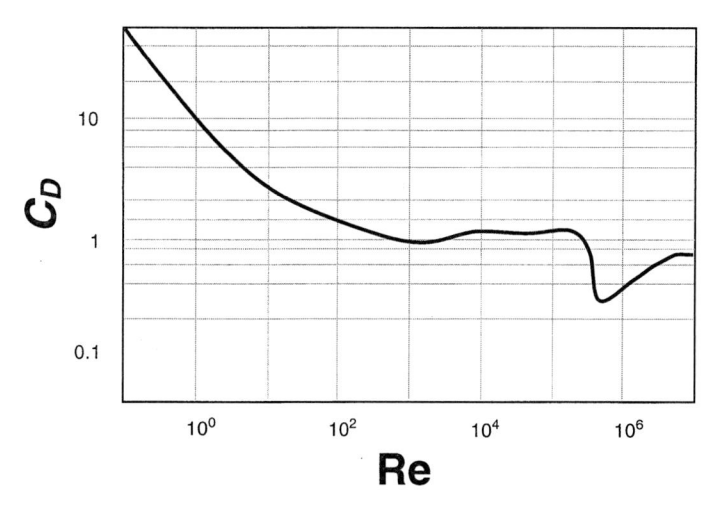

図 4.7 レイノルズ数に対する円柱における抗力係数の変化

圧の値が層流のときより小さくなることである．それ以上大きいレイノルズ数では，実験的にはある程度の値はわかっているものの，詳細については不明な点が多い．

境界層における流れの状態によって，円柱から放出される渦の強さ（循環）が異なってくる．また，互いに反対の符号をもつ渦の周期的な放出により円柱まわりの循環は符号と大きさが周期的に変化する．したがって，式 (4.15) で表される循環と揚力の関係から，円柱に作用する揚力は，渦放出によって大きさおよび方向が周期的に変動することがわかる．その変動周波数が円柱の固有振動数と一致するとき，共振が起こり，破壊や異常振動など重大な問題となることがある．また，第6章で述べる音の発生にも関係する．

## 4.3　3次元性の影響

車の抵抗係数が最も小さくなるフロントおよびリア形状を図4.8に示す．角部のちょっとした切り落とし（角度）によって，流れ方向に軸をもつ渦の強さが変化することによって抵抗が異なる．リア部においては，航空機における三角翼に形成される縦渦と同様の流れ方向に軸をもつ渦が形成される．これが主流における大きな運動量をもった流れを後流領域に注入する役目を担うために，車後部の

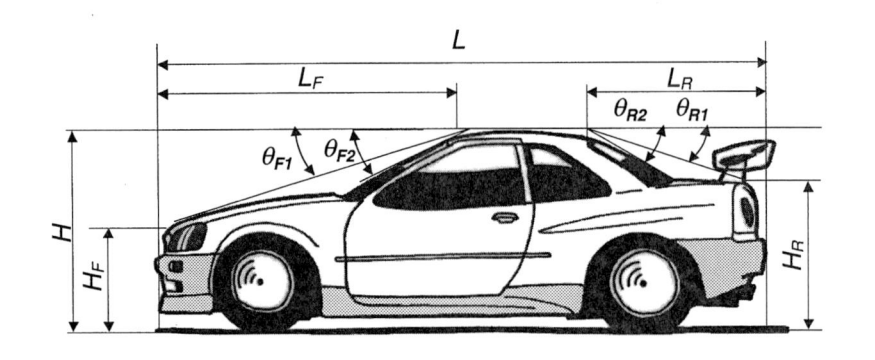

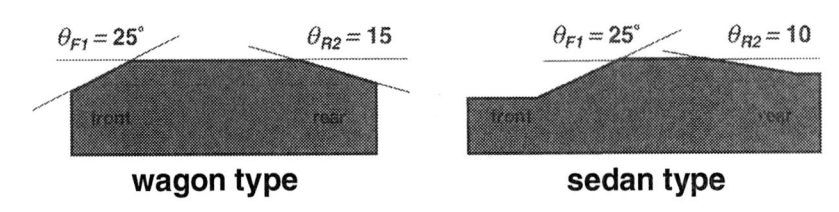

図 4.8 車の空気抵抗を減らすには

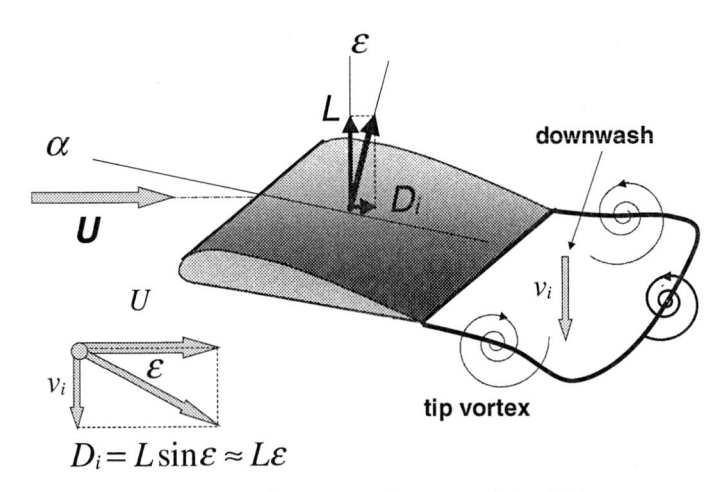

$$D_i = L\sin\varepsilon \approx L\varepsilon$$

図 4.9 翼が有限の長さであるために生じる抵抗

負圧(背圧)を高めるようにして圧力抵抗を下げる結果となる．したがって，流線型になっていなくても，後部における急な切り落としにおける縦渦の発生のような3次元効果をうまく用いることによって抵抗を減少させることができる．

表 4.1 各種形状に対する抗力係数 (2Dは2次元, 3D は3次元物体であることを示す. また, → は流れの方向を表す.)

| shape | 2D  (3D) $Re \fallingdotseq 10^4 - 10^5$ |
|---|---|
| ● ● | 1.17   (0.47) |
| ) ) | →2.3 (1.42)  →2.15 (1.17)<br>←1.1 (0.38)  ←1.15 (0.42) |
| ■ ■ | 2.0   (1.05) |
| ◆ ◆ | 1.55   (0.8) |
| ◀ ◀ | 1.5   (0.5) |
| ▮ ● | 1.9   (1.1) |
| ● ● | 0.2   (0.1) |
| ● ● | 0.3 (rear cylinder) |
| ─ | 0.06   (0.02) |
| 🚗 🚗 | (0.64)   (0.28) |
| U→ 🌳 | U=10  20  30 [m/s]<br>(0.43) (0.26) (0.20) |

表 4.1 に示すように, たとえば円柱と球のように縦断面形状が同じでも, 円柱における $C_D=1.17$ に対して, 球のそれは 0.47 とほぼ半分であるように, 3次元物体では抵抗が小さくなっている.

表 4.1 を見ると明らかなように, 翼の抵抗係数が鈍い物体に比べいかに小さい

かがわかる．しかし，航空機の翼のように，それが有限な長さをもっていると，そのために発生する抵抗がある．それが誘導抵抗と呼ばれるもので，翼先端から発生する流れ方向に軸をもつ渦の発生が原因である．これは航空機の翼に限らず，送風機やコンプレッサなどの流体機械の翼先端渦も同様の抵抗増加を引き起こす．図 4.9 に示すように，翼端渦（tip vortex）によって誘導される下向きの流れによって，翼の迎角がみかけ上増加し，そのために翼に作用する力の方向が後方に傾くために生じる抵抗である．これを減らすために，ハイテクジャンボ（747-400）と呼ばれるジャンボ旅客機における主翼の先端には，主翼面に対して 158° の傾きでウィングレットと呼ばれる小翼が取り付けられている．これにより翼端渦を抑制し，従来型のものに比べ航続性能を 3% 向上させている．

## 4.4 境　界　層

### 4.4.1　境界層方程式

　物体まわりの流れにおいて，物体壁面のごく近傍には境界層（boundary layer）と呼ばれる薄い領域が存在する．図 4.10 に示すように，この層内における速度は，主流速度から壁面における流速 0 まで滑らかに変化する．速度が壁面

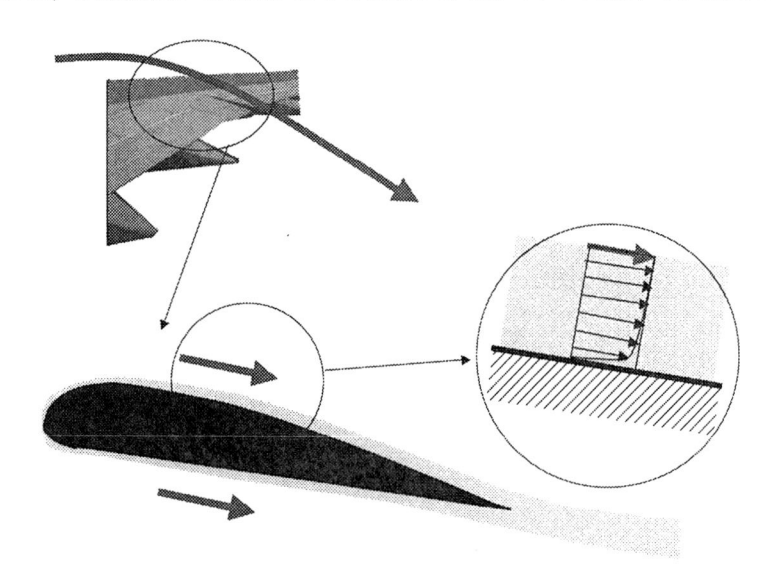

図 4.10　翼面上の境界層

と垂直方向距離に対してどのように変化するかを速度分布で表現する．速度分布形状によって流れの特徴がわかる．次のように定義される境界層厚さ (boundary layer thickness) $\delta$, 境界層排除厚さ (displacement thickness) $\delta_1$, 運動量厚さ (momentum thickness) $\delta_2$, それらを使った形状係数 (shape factor) $H_{12}$ などで速度分布の形状の特徴を表す．

$$\left.\begin{aligned}\delta &= y\,|_{u=0.99U} \\ \delta_1 &= \int_0^\infty \left(1-\frac{u}{U}\right) dy \\ \delta_2 &= \int_0^\infty \frac{u}{U}\left(1-\frac{u}{U}\right) dy \\ H_{12} &= \frac{\delta_1}{\delta_2} \end{aligned}\right\} \quad (4.19)$$

なお，運動量保存則から，前縁から測った距離が $x$ の位置における運動量厚さ $\delta_2(x)$ を用いて，単位幅当りの壁面摩擦抵抗を次式のように求めることができる．

$$D_f(x) = \rho \int_0^{\delta(x)} u(U-u)\,dy = \rho U^2 \delta_2(x) \quad (4.20)$$

したがって，運動量厚さは平板の抵抗の大きさを表す指標ともいえる．結局，この抵抗は壁面摩擦応力を平板全体にわたって積分したものと等しいはずであるから，次式の関係が成り立つ．

$$D_f(x) = \int_0^x \tau_0(x)\,dx \quad \text{あるいは} \quad \frac{dD_f(x)}{dx} = \tau_0(x) \quad (4.21)$$

ここに，$\tau_0(x)$ は $x$ における壁面せん断応力である．一方，式 (4.20) において，$U$ を一定とすると，

$$\frac{dD_f(x)}{dx} = \rho U^2 \frac{d\delta_2(x)}{dx} \quad (4.22)$$

であるから，これと式 (4.21) から

$$\tau_0(x) = \rho U^2 \frac{d\delta_2(x)}{dx} \quad (4.23)$$

の関係が得られる．これをカルマンの平板における運動量積分式 (momentum integral equation) と呼ぶ．この式は層流でも乱流でも成り立つ．

式 (4.19) で表される $H_{12}$ は境界層の速度分布形状によって異なる値を示す．層流境界層における速度分布はブラジウス速度分布，乱流境界層では対数速度分

布もしくは1/7乗速度分布である．境界層は前縁からの距離に基づくレイノルズ数 $Re_x$ が $Re_x = 2 \times 10^5 \sim 3 \times 10^6$ になると層流から乱流へ遷移する．そのとき $H_{12}$ は層流における 1.4 から乱流における 2.4 に変化する．遷移領域における速度分布の $H_{12}$ はそれらの中間の値を取る．また，これらの境界層が剥離するときには，層流剥離の場合 $H_{12} \fallingdotseq 3.5$，乱流剥離の場合には $H_{12} \fallingdotseq 1.8 \sim 2.4$ の値を示す．

非圧縮性流れにおける2次元境界層の流れを記述する方程式は次のように表される．運動方程式は

$$\frac{\partial u}{\partial t} + u\frac{\partial u}{\partial x} + v\frac{\partial u}{\partial y} = -\frac{1}{\rho}\frac{dp_e}{dx} + \frac{1}{\rho}\frac{\partial \tau}{\partial y} \tag{4.24}$$

である．ここで $p_e$ は境界層外縁における圧力で，主流におけるものと同じである．また，$\tau$ はせん断応力であり，次のように表される．

$$\left.\begin{array}{ll} \tau = \mu\dfrac{\partial u}{\partial y} & \text{（層流）} \\[6pt] \tau = \mu\dfrac{\partial u}{\partial y} - \overline{\rho u'v'} & \text{（乱流）} \end{array}\right\} \tag{4.25}$$

ここに，$u'$ および $v'$ は平均速度からのずれを表す時間的に変動する成分である．さらに，連続の式は

$$\frac{\partial u}{\partial x} + \frac{\partial v}{\partial y} = 0 \tag{4.26}$$

と表される．なお，境界条件は

$$\begin{array}{l} y = 0 : u = 0, \ v = 0 \\ y = \delta : u = U \end{array} \tag{4.27}$$

である．式 (4.21) および式 (4.23) は，層流でも乱流の場合でも両者において用いることができる．これらを用いて境界層における速度分布を次に求めてみよう．以下にそれらを示す．

### 4.4.2 層流境界層

境界層が層流である場合の速度分布（ブラジウス速度分布）は次のように求められる．すなわち，層流境界層（laminer boundary layer）では式 (4.24) および式 (4.27) において，定常 ($\partial/\partial t = 0$)，重力の影響を無視，壁面に垂直方向の速度成分 $v$ は小さい ($u \gg v$)，諸量の流れ方向変化に比べ壁面に垂直方向の変化が大きい ($\partial/\partial x \ll \partial/\partial y$)，などの条件を付加することによって，次式のように表

される．また，圧力勾配に関しては，ベルヌーイの式などからあらかじめわかっているものとして，境界層の外側における圧力に対して，$\partial p_e/\partial x = dp_e/dx = -\rho U_e(dU_e/dx)$ の書き換えをする．境界層方程式は

$$u\frac{\partial u}{\partial x}+v\frac{\partial u}{\partial y}=U_e\frac{dU_e}{dx}+\frac{\partial^2 u}{\partial y^2}, \quad \frac{\partial u}{\partial x}+\frac{\partial v}{\partial y}=0 \qquad (4.28)$$

である．なお，$U_e$ と $u$ は主流速度 $U$ で，$x$ は物体の代表寸法 $L$ でそれぞれ無次元化されている．また $v$, $y$ は次元をもつ $v^*$ および $y^*$ を次のように無次元化したものである．

$$v=\frac{v^*}{U}\sqrt{\frac{UL}{\nu}}, \quad y=\frac{y^*}{L}\sqrt{\frac{UL}{\nu}} \qquad (4.29)$$

これを式 (4.27) で与えられる境界条件において解けば $u$ が求められる．

ここで，境界層の速度分布が相似形であると仮定して，相似変数である $\eta = y\sqrt{U/\nu x}$ と流れ関数 $\varphi = \sqrt{\nu x U}\,F(\eta)$ を導入し，一様流れにおかれた平板上の境界層（流れ方向の圧力勾配は 0）の速度分布を表現してみよう．これらを用いると，境界層方程式は

$$2F'''+FF''=0 \qquad (4.30)$$

という 3 階の常微分方程式となる．ここで，$F(\eta)$ は未知の関数であるが，その微分は速度，すなわち $F'=u/U$，を表す．また，流れ関数と速度成分との関係は，$u=\partial\varphi/\partial y$，$v=\partial\varphi/\partial x$ である．式 (4.30) を壁面上における $\eta=0$ において $F=F'=0$，壁面から離れた位置における $\eta\to\infty$ において $F'\to 1$ などの条件で解くと，**図 4.11** に示した層流境界層の速度分布であるブラジウス速度分布 (Blasius solution) が得られる．

このとき境界層厚さは $\eta=5.0$ に相当する位置である．$\eta$ の定義から境界層厚さ $\delta$ を，式 (4.19) より境界層排除厚さ $\delta_1$，運動量厚さ $\delta_2$ をそれぞれ次のように求めることができる．

$$\delta=\frac{5x}{\sqrt{Re_x}}, \quad \delta_1=\frac{1.721x}{\sqrt{Re_x}}, \quad \delta_2=\frac{0.664x}{\sqrt{Re_x}} \qquad (4.31)$$

また壁面摩擦係数 $C_f$ は

$$C_f(x)=\frac{\tau_0}{(1/2)\rho U^2}=\frac{0.664}{\sqrt{Re_x}} \qquad (4.32)$$

と与えられる．

ここで，単位幅で長さ $L$ の平板上の平均摩擦抗力は次のように表される．

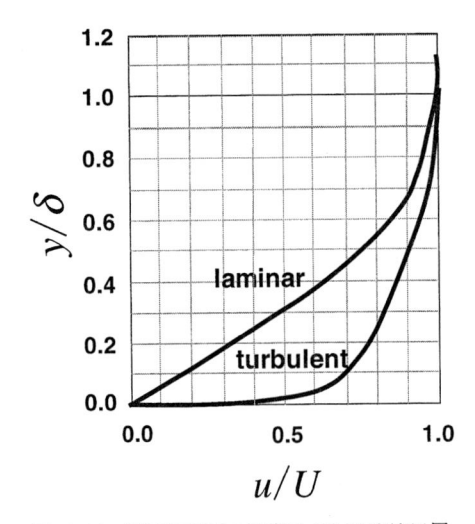

図 4.11 層流境界層の速度分布と乱流境界層の速度分布

$$\overline{C_f} = \frac{D_f}{(1/2)\rho U^2 L} \tag{4.33}$$

ここで，$D_f$ は式 (4.20) で与えられ，その中の $\delta_2(L)$ は式 (4.31) より次のように求められる．

$$\delta_2(L) = \frac{0.664L}{\sqrt{Re_L}} = \frac{0.664L}{\sqrt{UL/\nu}} \tag{4.34}$$

したがって，式 (4.20) および式 (4.34) を式 (4.33) に代入すると，

$$\overline{C_f} = \frac{D_f(L)}{(1/2)\rho U^2 L} = \frac{\rho U^2 \delta_2(L)}{(1/2)\rho U^2 L} = \frac{1.328}{\sqrt{UL/\nu}} = 2C_f(L) \tag{4.35}$$

と求められる．なお，これは平板の片側の面についてだけであるから，一様流中に置かれた平板には両面に作用するのでこれの2倍の抵抗となることに注意する．

### 4.4.3 乱流境界層

乱流境界層 (turbulent boundary layer) の速度分布を層流のものと比較して図 4.11 に示してある．層流に比べ壁面近くの速度勾配 $(du/dy)$ が大きいことがわかる．乱流境界層における速度分布は次のようにして求められる．乱流では

## 4.4 境界層

諸量を平均値とそれからの変動分との和として表す．すなわち，

$$u = \bar{u} + u', \quad v = \bar{v} + v', \quad p = \bar{p} + p', \quad \cdots \tag{4.36}$$

である．式 (4.24) および式 (4.26) において $u \to \bar{u}$, $v \to \bar{v}$, $p \to \bar{p}$ と読みかえ，$^{-}$ を省略したものが乱流における境界層方程式となる．もちろん，せん断応力は乱流のものを用いる．この式から速度分布を解析的に求めることはできない．そのため，次のようにして乱流境界層における速度分布を表す．

はじめに，次元解析による乱流速度分布について以下に述べる．乱流境界層は，壁から離れた主流との境目あたりにおける外部領域（outer region）と，それより壁側の領域である内部領域（inner region）の2つの領域にわけられる．また，内部領域はさらに壁近傍領域（wall region）と重複領域（overlap region）にわけられる．

これらの領域を代表する物理量を適当に選ぶことによって速度を特徴づけることができる．壁の極近傍領域における速度を特徴づける量である $(\mu, \tau_0, \rho, y)$ を用いると，速度は次のように書ける．

$$u^+ = \frac{u}{u^*} = f\left(\frac{yu^*}{\nu}\right) \tag{4.37}$$

ここに，$f$ は任意の関数であり，$u^*$ は摩擦速度と呼ばれ，$u^* = \sqrt{\tau_0/\rho}$ で表される．これの単位がたまたま速度の単位になっているので，実際上の何かの速度を表すものではないが，そのように呼んでいるだけのことである点に注意する．式 (4.37) で表されるものを壁法則と呼ぶ．

これに対して，外部領域における速度を特徴づける諸量 $(\delta, \tau_0, \rho, y)$ を用いると，速度は任意の関数 $g$ として次のように書ける．

$$\frac{U-u}{u^*} = g\left(\frac{y}{\delta}\right) \tag{4.38}$$

この速度分布を速度欠損則と呼ぶ．

これら式 (4.37) と式 (4.38) で表される関数が，重複領域でマッチングするという考察から，次の速度分布が得られる．すなわち，

$$\frac{u}{u^*} = \frac{1}{0.4} \ln \frac{yu^*}{\nu} + 5.5 = 5.75 \log \frac{yu^*}{\nu} + 5.5 \tag{4.39}$$

これを対数速度分布と呼び，図 4.12 に示す．なお，無次元速度を $u^+ = u/u^*$, $y^+ = yu^*/\nu$ と書き，$u$ クロス，$y$ クロスなどと呼ぶ．ちなみに，$y^+ < 5$ の薄い層を粘性底層，$5 < y^+ < 30$ の領域をバッファー領域，$y^+ > 30$ の領域を乱流領域

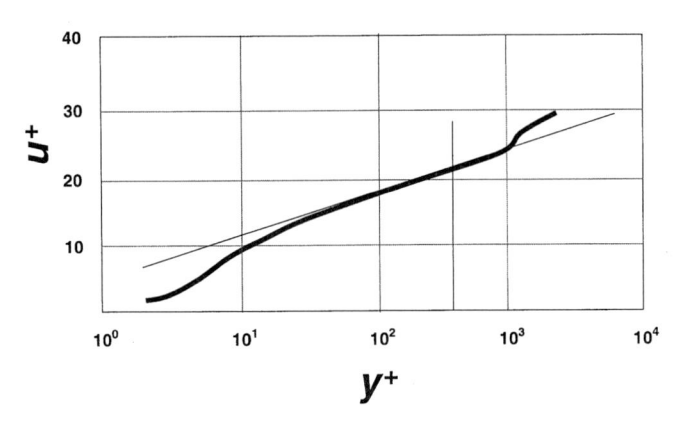

図 4.12 対数速度分布

という.

　速度分布がわかっているので，壁面せん断応力を式 (4.39) からすぐに求められるかというと，それができない．なぜなら，log 分布の性質上 $y=0$ における値を定められないからである．そこで，摩擦速度の定義から，

$$\frac{U}{u^*} \equiv \sqrt{\frac{2}{C_f}}, \quad \frac{\delta u^*}{\nu} \equiv Re_\delta \sqrt{\frac{C_f}{2}} \tag{4.40}$$

であるから，これらを式 (4.39) に代入すると，

$$\sqrt{\frac{2}{C_f}} \cong 2.5 \ln\left(Re_\delta \sqrt{\frac{C_f}{2}}\right) + 5.5 \tag{4.41}$$

と表され，$C_f$ を求めることができる.

　しかし，これでも $C_f$ を求める計算に手間がかかるから，速度分布を次に示すような 1/7 乗速度分布として $C_f$ を求めることが行われる．すなわち，

$$\frac{u}{U} = \left(\frac{y}{\delta}\right)^{1/7} \tag{4.42}$$

また，壁面摩擦係数を

$$C_f = 0.02 Re_\delta^{-1/6} \tag{4.43}$$

と近似する．こうすると，排除厚さおよび運動量厚さは，

$$\begin{aligned}\delta_1 &= \int_0^\delta \left\{1 - \left(\frac{y}{\delta}\right)^{1/7}\right\} dy = \frac{1}{8}\delta \\ \delta_2 &= \int_0^\delta \left(\frac{y}{\delta}\right)^{1/7} \left\{1 - \left(\frac{y}{\delta}\right)^{1/7}\right\} dy = \frac{7}{72}\delta\end{aligned} \tag{4.44}$$

と表される.なお, $C_f$ の定義(式(4.32))および, $\tau_0$ と $\delta_2$ の関係を表す式(4.23)から,

$$C_f = 2\frac{d\delta_2(x)}{dx} \tag{4.45}$$

と表されるので,式(4.43)と式(4.44)を式(4.45)に代入すると,

$$0.02 Re_\delta^{-1/6} = 2\frac{d}{dx}\left(\frac{7}{72}\delta\right) \tag{4.46}$$

が得られる.これを $x=0$ において $\delta=0$ を考慮して積分すると,

$$Re_\delta = 0.16 Re_x^{6/7} \tag{4.47}$$

となる.これを,式(4.43)に代入すると,

$$C_f(x) = 0.027 Re_x^{-1/7} \tag{4.48}$$

が得られる.これによって,摩擦抵抗を求めることができる.層流境界層のときと同様に,単位幅をもつ長さ $L$ の平板について平均摩擦抵抗を求めておくと,

$$\overline{C_f} = \frac{0.031}{Re_L^{1/7}} = \frac{7}{6} C_f(L) \tag{4.49}$$

である.

粗さを考慮しなくてはならない壁面については,次に示す式がある.すなわち,

$$C_f(x) = \left(2.87 + 1.58 \log \frac{x}{\varepsilon}\right)^{-2.5} \tag{4.50}$$

$$\overline{C_f} = \left(1.89 + 1.62 \log \frac{L}{\varepsilon}\right)^{-2.5} \tag{4.51}$$

である.ここに, $\varepsilon$ は5.4節の図5.8に示される粗さ(roughness)である.

### 4.4.4 流れ方向の圧力勾配を考慮した境界層

流れ方向の圧力勾配は式(4.24)における右辺第1項の $dp_e/dx$ で示される.もし,正の圧力勾配 $dp_e/dx > 0$ であるとき,壁面近くにおいて運動量を粘性で失った流れ(境界層流れ)が圧力勾配に打ち勝てず,上流方向へ押し戻される場合がある.このとき,境界層においては図4.13に示すように,逆流領域(reverse flow region)を生じ,剥離点(separation point;壁面上の速度勾配が0となる点)Sにおいて流れは壁面から離れて流れるようになる.この場合の圧力勾配は流れを流れにくくするという意味合いで逆圧力勾配(adverse pressure gra-

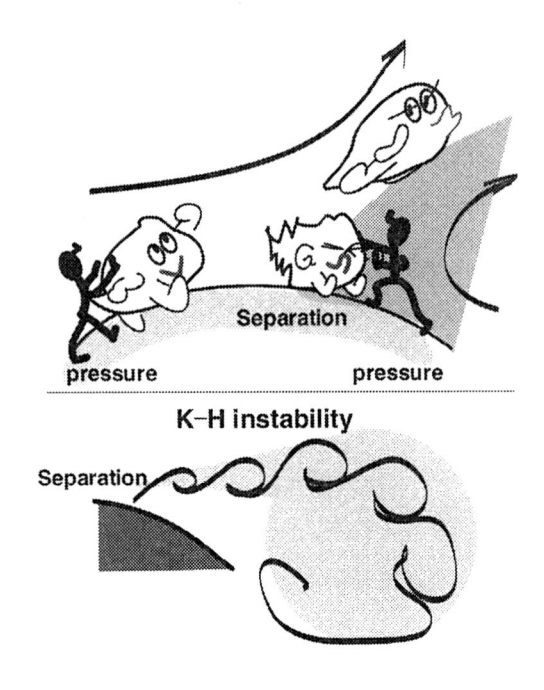

図 4.13 はく離点付近の様子とはく離したせん断層によって形成される渦

dient) と呼ばれる. 逆に, $dp_e/dx<0$ の場合には, 流れは上流側から押されることになり, 加速され流れやすくなる. したがって, これを順圧力勾配 (favorable pressure gradient) と呼ぶ.

壁面上では, $u=v=0$ であるから, 式 (4.24) の境界層における運動方程式にそれらを代入すると, 次の関係が得られる.

$$\left.\frac{\partial \tau}{\partial y}\right|_{y=0} = \left.\mu \frac{\partial^2 u}{\partial y^2}\right|_{y=0} = \frac{dp_e}{dx} = -\rho U_e \frac{dU_e}{dx} \quad (4.52)$$

この関係は層流でも乱流でも成り立つ. なお, 圧力勾配と主流速度の流れ方向勾配は符号が異なるので, 流れ方向に圧力が増加（減少）するとき, 主流速度は減少（増加）することがわかる. 式 (4.52) において, もし圧力勾配が0すなわち, $dp_e/dx=0$ であるとき, 境界層外縁の速度 $U_e(=U)$ も下流方向に変化しないことがわかる. このとき, 壁面上における速度勾配の変化すなわち,

$$\frac{\partial^2 u}{\partial y^2} = \frac{\partial}{\partial y}\left(\frac{\partial u}{\partial y}\right)$$

が0であることから，速度分布の変曲点がちょうど壁面上に存在することを意味している．一方，上述のような順圧力勾配 ($dp_e/dx<0$) では，変曲点が仮想的に壁面の中に存在するような速度分布となる．これに対し，逆圧力勾配 ($dp_e/dx>0$) では，変曲点は壁面から離れた位置に存在する速度分布となる．

　圧力勾配の大きさが大きくなるにしたがい，変曲点は壁面から離れる方向に移動する．それにしたがい，壁面上の速度勾配が0，すなわち壁面せん断応力が0となる場合がある．これが剥離点である．さらに圧力勾配が大きくなると，逆流が生じるようになる．このように圧力勾配は速度分布形状に大きな影響を及ぼす．

　圧力勾配の影響を考慮したカルマンの運動量方程式を次に示す．これは式 (4.45) の拡張である．境界層内において，流れ方向に微小な幅をもつ流体粒子における運動量の釣合いを示している．

$$\frac{\tau_0}{\rho U^2} = \frac{1}{2}C_f = \frac{d\delta_2}{dx} + (2+H_{12})\frac{\delta_2}{U}\frac{dU}{dx} \tag{4.53}$$

これによると，層流の場合 $H_{12}=3.5$，乱流の場合 $H_{12}=2.4$ という値において，剥離を示す速度分布が得られる．

## 4.5　後　　　流

　流れの中に置かれた物体，または静止流体中を移動する物体の後方に形成される主流速度より遅い平均流速が観測される領域を後流 (wake) という．図4.13に示すように物体上に形成された境界層が物体から剥離して自由せん断層となり，それがケルビン・ヘルムホルツ型 (K-H) 不安定により小さな渦が形成される．物体が直径 $d$ の円柱の場合，円柱中心から約 $2.5d$ 下流で，それらの小さな渦が集まって大きな渦を形成する．ある程度の大きさになると後方へ流れ出す．それが流下する速度は主流速度の約85%である．

　このような渦の放出は周期的に起こり，その周波数は式 (4.18) に示すように物体の代表寸法に反比例する．K-H不安定により形成される小さな渦の周波数 $f_s$ と大きな渦の放出周波数との関係は $Re$ が大きい場合 ($10^3<Re<10^5$)，

$$\frac{f_s}{f} = 0.095\sqrt{Re} \tag{4.54}$$

で与えられる.

　後流とその周囲の主流との境目ははっきりしないため，後流領域内の圧力は主流におけるそれと常に等しいことになる．したがって，定常な2次元後流の運動方程式は次のように表される．

$$u\frac{\partial u}{\partial x} + v\frac{\partial u}{\partial y} = \frac{1}{\rho}\frac{\partial \tau}{\partial y} \tag{4.55}$$

また，連続の式は，

$$\frac{\partial u}{\partial x} + \frac{\partial v}{\partial y} = 0 \tag{4.56}$$

である．いま，主流速度 $U$ と後流内の速度 $u$ との差を $u_1 = U - u$ で表し，これを欠損速度と呼ぶ．物体から十分下流では $u_1 \ll U$, $\partial u/\partial y \ll 1$ であるから，条件として

$$u\frac{\partial u}{\partial x} = (U - u_1)\frac{\partial (U - u_1)}{\partial x} \approx -U\frac{\partial u_1}{\partial x}, \quad v\frac{\partial u}{\partial y} \approx 0 \tag{4.57}$$

が得られる．したがって，これを式 (4.55) に適用すると，

$$U\frac{\partial u_1}{\partial x} + \frac{1}{\rho}\frac{\partial \tau}{\partial y} = 0 \tag{4.58}$$

が後流の支配方程式となる．

　一方，式 (2.83) で示される運動量保存を物体を含む検査体積に適用すると，次式が得られる．すなわち，

$$F_D = \rho \int_{-\infty}^{\infty} u(U - u)\,dy \approx \rho U \int_{-\infty}^{\infty} u_1\,dy \tag{4.59}$$

　いま，物体から離れたある下流位置において，主流と直角断面内の最大欠損速度を $u_{1m}$ と表し，また $u_1/u_{1m} = 1/2$ となる後流中心から測った位置を $b_{1/2}$ と書くとすると，後流の速度分布は次のように表される．

$$\frac{u_1}{u_{1m}} = \exp\left(-0.693\frac{y^2}{b_{1/2}^2}\right) \tag{4.60}$$

速度分布形状は相似形で，下流に行くに従い，$b_{1/2}$ は $\sqrt{x}$ に比例して増加する．なお，$u_{1m}$ は $1/\sqrt{x}$ に比例して減少する．

　実験式から $C_D$ を用いて速度分布を表すと次のようになる．

$$\frac{u_1}{U} = 0.939 \sqrt{\frac{C_D d_m}{x}} \exp\left(-\frac{11.09}{C_D d_m} \cdot \frac{y^2}{x}\right) \tag{4.61}$$

ここに，$d_m$ は物体の主流方向への投影面積の高さを表す．円柱であれば直径である．

コラム④

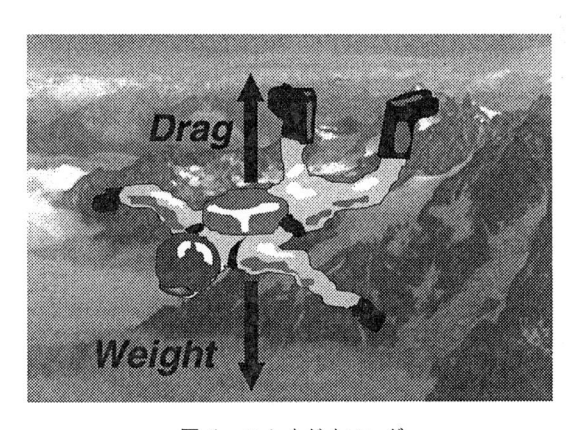

## スカイダイビング

スカイダイビングで落下するときの速度を求めよう．等速度で落下しているとすれば，体重と空気抵抗が釣り合っている．したがって，

$$W = D = C_D \frac{\rho}{2} U^2 A \tag{1}$$

ここに，$W$ は体重 [N]，$D$ は空気抵抗 [N]，$C_D$ は抵抗係数，$\rho$ は空気の密度 [kg/m$^3$]，$U$ は落下速度 [m/s]，$A$ は体の風にさらされている部分の投影面積 [m$^2$] である．

体の各部における抵抗係数を次のようにして見積もる．すなわち，**図1**のように足をひざから曲げているとすれば，風にさらされているのは，頭，腕，胴，股である．それぞれを**表4.1**に示された単純な形の組合せ（**図2**）におきかえよう．すなわち，

　頭：直径 20 cm の球，$C_D = 0.47$
　腕：直径 10 cm，長さ 60 cm の円柱（2本），$C_D = 1.17$
　胴：直径 30 cm，長さ 80 cm の円柱，$C_D = 1.17$

図 1　スカイダイビング

**図2** 単純形状の組合せ

股：直径20 cm, 長さ40 cmの円柱（2本）, $C_D = 1.17$

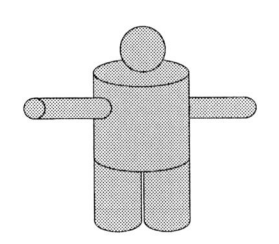

したがって, 抗力 $D$ は

$$D = (1/2) \times 1.23 \times U^2 \times \{0.47\pi(0.2/2)^2 \\ + 1.17 \times 0.8 \times 0.3 + 1.17 \times 0.6 \times 0.1 \times 2 \\ + 1.17 \times 0.4 \times 0.2 \times 2\} \quad (2) \\ = 0.383 U^2 \quad [\text{N}]$$

体重が, 70 kgの人を想定しよう. 力で表すと, $W = 70 \times g$ [N] であるから, 式 (1) と (2) より,

$$U = \sqrt{\frac{75 \times 9.8}{0.383}} = 43.8 \quad [\text{m/s}]$$

を得る. したがって, これを時速に換算すれば時速158 km/hで落下することがわかる.

# 5. 管路内流れ

　流体を目的の場所まで輸送するために管，ダクト，水路，ホースなどを用いる．これらに流体を流す際に生じる抵抗と，それらを生じさせる現象を以下に示す．速度が遅く圧縮性を考慮しなくてもよい場合，起こる現象は液体であっても気体であっても同じである．

## 5.1 送水システム

　図 5.1 に池からポンプで汲み上げた水を貯水槽に貯め，それにつながる水道の蛇口から水が出るまでの経路を模式的に示す．池に差し込まれたパイプの吸込み

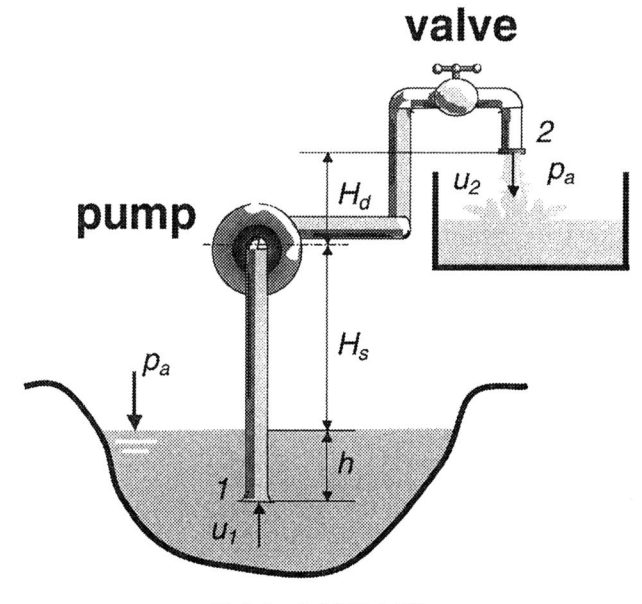

図 5.1 水を汲み上げる

口から入った水はポンプによって貯水槽まで輸送されるが，そのときポンプには管路の抵抗に打ち勝つだけの動力が要求される．そのことを以下に見積もってみよう．

第3章で導いたように流れに動力を与えて流す場合には，流れはエネルギーバランス式を満足していなければならない．水を扱うことにし，熱量は加えないことにする．水を扱うので，密度は一定である．また，外部から加えられる仕事によるヘッドを $H_w$ と書き，式 (3.27) をヘッド (head) の形に書き直すと，エネルギーバランス式は次式のようになる．

$$\frac{u_2^2}{2g}+z_2+\frac{p_2}{\rho g}=\frac{u_1^2}{2g}+z_1+\frac{p_1}{\rho g}+H_w-h_{loss} \tag{5.1}$$

とくに管路系を扱う場合，各項のエネルギーを水柱の高さ（ヘッドと呼ぶ）に換算して表す方が実用的に使いやすいためこのように書いてある．したがって，この式における各項の単位は [m] である．ここで，$u^2/2g$ を速度ヘッド (velocity head)，$z$ を位置ヘッド (elevation head)，$p/\rho g$ を圧力ヘッド (pressure head) と呼ぶ．$H_w$ はポンプによって与えられる動力をヘッドで表したものである．ポンプによって流体が動力を得た場合，この値を正とする．なお，$H_w$ が負の場合には流体からタービンなどの機械に動力を与えることを意味する．また，$h_{loss}$ は損失ヘッド (loss of head) である．

この式は図5.1に示すようなポンプによって水面から貯水槽への注入口の高さまで水をもち上げるような状況を表している．すなわち，1で表した位置から流入する流れにポンプで動力 $H_w$ を与え，損失を差し引いた残りが2の位置において得られるエネルギーであることを表している．

池の水面からポンプまでの高さを $H_s$，ポンプから排出口までの高さを $H_d$ とすると，ポンプが実際に重力に逆らって水をもち上げねばならない高さは，$H_s+H_d$ である．

さて，吸込み管の吸込み口が水面下 $h$ まで差し込まれているとする．その先端位置を基準面 ($z_1=0$) とすると，その位置における水がもっているヘッド（エネルギー）は次のように表される．

$$\frac{u_1^2}{2g}+h+\frac{p_a}{\rho g} \tag{5.2}$$

これに対し，排出口における水がもつエネルギーは

## 5.1 送水システム

$$H_s + H_d + \frac{u_2^2}{2g} + z_2 + \frac{p_a}{\rho g} + h + h_{loss} \tag{5.3}$$

と与えられる．ここで，$h_{loss}$ は管路における損失とポンプ内で生じる損失の両者を含んだ値である．したがって，ポンプが与えたエネルギー $H_w$ は式 (5.2) と式 (5.3) の差であるから，次のように表される．

$$\begin{aligned}H_w &= \left(H_s + H_d + \frac{u_2^2}{2g} + \frac{p_a}{\rho g} + h + h_{loss}\right) - \left(\frac{u_1^2}{2g} + \frac{p_a}{\rho g} + h\right) \\ &= \left(\frac{u_2^2}{2g} - \frac{u_1^2}{2g}\right) + H_s + H_d + h_{loss} \\ &= \left(H_s - \frac{u_1^2}{2g}\right) + \left(H_d + \frac{u_2^2}{2g}\right) + h_{loss}\end{aligned} \tag{5.4}$$

ここに，$H_s - u_1^2/2g$ を吸込みヘッド，$H_d + u_2^2/2g$ を送出ヘッドと呼ぶ．なお，それらの和 $H$ は，

$$H = \left(H_s - \frac{u_1^2}{2g}\right) + \left(H_d + \frac{u_2^2}{2g}\right) \tag{5.5}$$

であり，これを全揚程 (total head) と呼ぶ．したがって，$H$ に損失を加えた $H_w$ はポンプが全揚程を確保するために与えねばならない設計揚程である．また，要求される流量を $Q$ [m³/s]，ポンプ内や配管における漏れ流量を $q$ とすると，ポンプによって供給されねばならない設計流量 $Q_{th}$ は次のように表される．

$$Q_{th} = Q + q \tag{5.6}$$

また，軸の摩擦やポンプの羽根の運動が水の運動に伝えられる伝達損失などの機械的損失を補うのに必要な動力を $L_m$ とすると，ポンプを駆動するのに必要な設計駆動動力 $L_{th}$ は次のように表される．

$$L_{th} = \rho g Q_{th} H_w + L_m \tag{5.7}$$

ここで，以下のような効率を定義できる．すなわち，

$$\text{水力効率}：\eta_h = \frac{H}{H_w} = \frac{H}{H + h_{loss}} \tag{5.8}$$

$$\text{体積効率}：\eta_v = \frac{Q}{Q_{th}} = \frac{Q}{Q + q} \tag{5.9}$$

$$\text{機械効率}：\eta_m = \frac{\rho g Q_{th} H_w}{L_{th}} = \frac{\rho g Q_{th} H_w}{\rho g Q_{th} H_w + L_m} \tag{5.10}$$

である．したがって，ポンプ全体の効率 $\eta$（ポンプ効率）は，

$$\eta = \frac{\rho g Q H}{L_{th}} = \frac{\rho g Q H}{\rho g Q_{th} H_w + L_m} = \eta_h \eta_v \eta_m \tag{5.11}$$

と表される．したがって，実際に要求されるヘッドおよび流量に必要な動力 $L$ は

$$L = \eta L_{th} \tag{5.12}$$

と求められる．大型のポンプほど損失割合が小さく，ポンプ効率は $\eta = 90\%$ 近くになる．

ポンプにも図 5.2 に示すような遠心型ポンプや軸流型ポンプの他にも多くの種類のものがある．ポンプの選定の目安として次式のように表される比速度 $n_s$ を用いる．

$$n_s = \frac{n\sqrt{Q}}{H^{3/4}} \tag{5.13}$$

ここに，$n$ はポンプの毎分回転数 [rpm]，体積流量 $Q$ [m³/s]，ヘッド $H$ [m] である．$n_s$ が小さいものはヘッドが大きいポンプであり，遠心型のものとなる．これに対し，$n_s$ が大きなものは流量が大きなポンプであり，軸流タイプとなる．

管路における損失やポンプ内で生じる損失および機械損失，漏れ流量などがなければポンプ効率は 1 となることが式 (5.11) からわかる．漏れ $q$ は隙間におけるシール特性を改善すること，機械損失はベアリングなど機械的摩擦を少なく

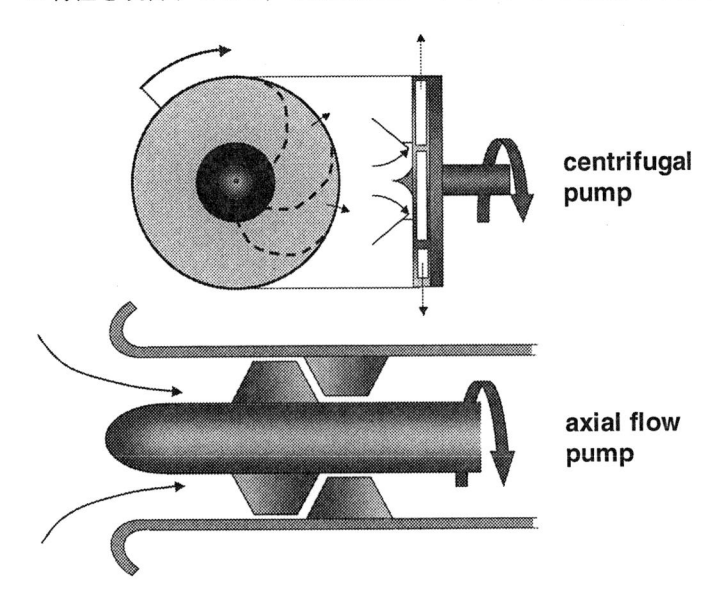

図 5.2 遠心型ポンプと軸流型ポンプ

することで向上できる．

　これらに対し，管路における損失およびポンプ内で生じる損失は以下で述べるように，流体における粘性のために生じる流体摩擦，および流れが壁面に沿ってスムースに流れずに剥離すること，などが原因である．その対処には管路内の流れによる損失が生じる原因を知らねばならない．以下にそれを示す．

## 5.2　管入り口付近における損失

### 5.2.1　管入り口付近における流れ

　直径 $D$ の直管内における流れを考えよう．管断面積を $A(=\pi(D/2)^2)$ [m²]，流量を $Q$ [m³/s] とすると，管断面内における平均速度 $\bar{u}$ は，

$$\bar{u} = \frac{Q}{A} \tag{5.14}$$

と表される．いま，管断面積は一定であるため平均速度 $\bar{u}$ は一定である．管内径 $D$ および平均速度 $\bar{u}$ を基準とするレイノルズ数 $Re$ は

$$Re = \frac{\bar{u}D}{\nu} \tag{5.15}$$

と定義される．ここに，$\nu$ は動粘性係数であり，水の場合 $\nu=1.0\times10^{-6}$ [m²/s] である．

　管入り口においてどのような流れがみられるかを模式的に図 **5.3** に示す．一様な速度分布をもつ流れが入り口に流入する．壁面の接する流体は壁面との摩擦により速度は減速される．このような壁面との摩擦の影響が及んでいる範囲を境界層と呼ぶ．また，壁面に垂直方向に測った境界層の範囲を境界層厚さという．境界層は管入り口先端から形成され，境界層厚さは下流に行くに従って厚くなる．すなわち，壁面との摩擦で生じた減速領域は下流に行くに従い，管中心方向へ広がっていく．管の半径方向にわたる全体を境界層が覆い尽くすまでの区間を助走区間（entrance region）と呼ぶ．助走区間では図に示すように管中心付近には一様速度の領域が残っている．助走区間の長さは管内径のおよそ 25～40 倍程度である．

　管内圧力の管軸方向に対する変化を図 5.3 のグラフに示す．なお，圧力をヘッドで表してある．流入する流体のもっているエネルギーの総和を $H$ とする．管

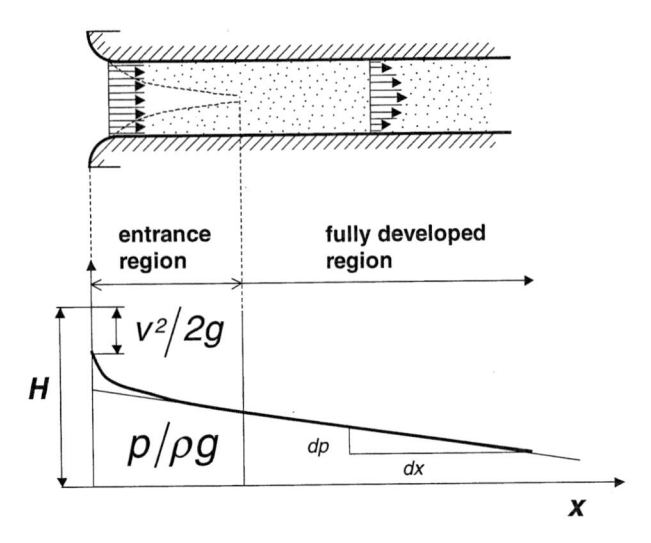

図 5.3　管入り口における流れと圧力変化

の直径が一定であるので，連続の式からわかるように管内の平均速度はどの断面でも一定となる．したがって，管内における速度ヘッドはどこでも同じである．したがって，入り口では $H$ から速度ヘッドの分だけ差し引いた分の圧力ヘッドから始まる．入り口部の形状によっては，スムースに流入せず，剥離を伴う場合にはその分の損失だけさらに圧力ヘッドは低い値から始まることになる．なお，剥離泡内では圧力ヘッドはほぼ一定である．

　助走区間においては境界層が発達するために境界層排除厚さが増加し，見かけ上管内径が小さくなるため，中心線上の速度は連続の式から増加する．このため，助走区間では圧力は急に降下する．しかし，断面内の平均速度は一定であり，速度ヘッドは変化しないことに注意する．なお，この区間においても，入り口からの距離に比例して増加する摩擦損失は常に存在するので，これによる圧力降下に重畳する形でこの区間の圧力降下は表されることになる．

　完全に境界層が発達した領域では，摩擦損失だけが圧力降下の原因となるため，圧力は流れ方向に直線的に減少する．実際の流れの様子は非常に複雑であるが，工学的にはそれらの影響を損失係数 $\zeta$ に反映させて表している．流体工学では，これらの値を決定する要因を探り，もっと詳細な値を見積もることが目的であるといっても過言ではない．詳しくは後ほど述べる．

## 5.2.2 入り口損失

入り口部における損失ヘッド $h_i$ は入り口損失と呼ばれ,次式のように表される.

$$h_i = \zeta_i \frac{\bar{u}^2}{2g} \tag{5.16}$$

損失係数 $\zeta_i$ は管入り口の形状によって実験的に与えられる.入り口形状と摩擦損失係数および入り口付近の流れの様子を表5.1に示す.入り口における流線が

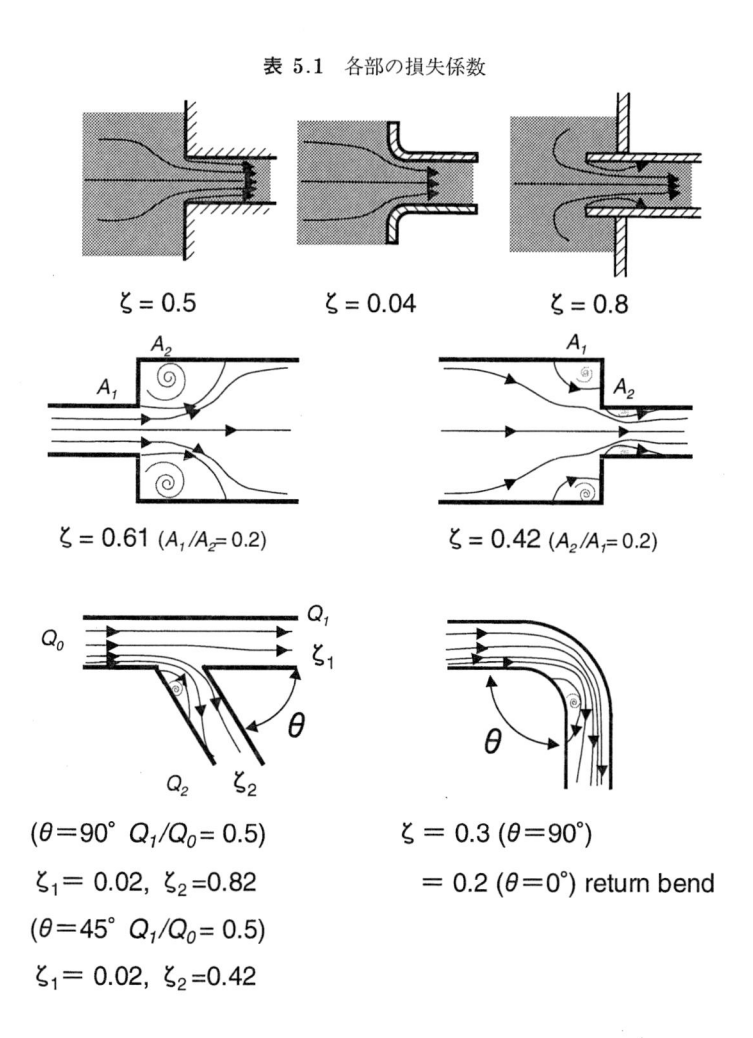

表 5.1 各部の損失係数

$\zeta = 0.5$   $\zeta = 0.04$   $\zeta = 0.8$

$\zeta = 0.61$ ($A_1/A_2 = 0.2$)   $\zeta = 0.42$ ($A_2/A_1 = 0.2$)

($\theta = 90°$  $Q_1/Q_0 = 0.5$)
$\zeta_1 = 0.02$, $\zeta_2 = 0.82$
($\theta = 45°$  $Q_1/Q_0 = 0.5$)
$\zeta_1 = 0.02$, $\zeta_2 = 0.42$

$\zeta = 0.3$ ($\theta = 90°$)
$= 0.2$ ($\theta = 0°$) return bend

スムースに管内に入るものの方がその値が小さい．入り口部に角があるような形状では，角で剝離した流れは下流において再付着し，「剝離泡」を形成する．剝離泡内部では，壁付近の逆流を含む循環流が形成される．このような逆流を伴う流れの形成にエネルギーが消費され，損失となる．

### 5.2.3 助走区間における損失

助走区間の長さ $l_e$ はレイノルズ数の関数として次のように表される．

$$\left.\begin{array}{l} l_e/D = 0.06Re \quad \text{（層流）} \\ \phantom{l_e/D} = 4.4Re^{1/6} \quad \text{（乱流）} \end{array}\right\} \tag{5.17}$$

助走区間では，先にも述べたように，境界層が発達し排除厚さが増加するために管内径が減少したと同じ効果が現れる．このため，管中心線上の速度は加速され，層流では助走区間が終了するころには流入する一様流における速度（平均速度）の2倍になる．一方，乱流境界層（1/7乗速度分布）の場合には，それは1.2倍程度の増加である．助走区間における損失はこの加速による損失が強く現れる．この加速に起因する損失係数 $\zeta_a$ は

$$\left.\begin{array}{l} \zeta_a = 2.3 \quad \text{（層流）} \\ \phantom{\zeta_a} = 1.08 \quad \text{（乱流）} \end{array}\right\} \tag{5.18}$$

である．助走区間における圧力ヘッドは図5.3に示したように急激に低下し一定値に漸近するように変化する．この漸近する直線は，助走区間が終わったあとの完全発達領域における管摩擦損失による圧力降下を示す直線である．したがって，逆に圧力降下が管摩擦損失による直線的変化を示し始めるところまでが助走区間であるといえる．

### 5.2.4 管摩擦損失

助走区間の後，速度分布が流れ方向に変化しなくなるため，その領域を完全発達領域（fully developed region）と呼ぶ．境界層が形成されるのは，流体と壁面との間に摩擦があるからである．これは流体に粘性があるためである．壁面との摩擦の影響が管中心の領域にまで及んだとき，完全に発達した管内流れとなる．これに対して，ベルヌーイの式を用いるときのように非粘性流体（完全流体）として流れを扱う場合には，境界層は存在せず管断面内の速度分布は一様速度分布であることを暗黙の了解としている．

摩擦で生じた熱は管壁に伝導で失われたり流体内に伝達してしまうため，回収して利用することができない．これは非可逆過程である．すなわち，この回収できないエネルギーのために損失となる．これを管摩擦損失と呼ぶ．管内流れが層流と乱流ではそれぞれ次のように求められる．すなわち，管の直径を $D$，代表長さを $L$ とすると，摩擦力は管内面の面積に壁面上に作用するせん断応力（壁面摩擦応力）$\tau_0$ を掛けたものであるから，

$$F_f = \pi D L \tau_0 \tag{5.19}$$

である．したがって，壁面せん断応力が求められれば摩擦力がわかることになる．せん断応力はニュートン流体であれば，式 (2.45) で与えられる定義より

$$\tau_0 = \mu \frac{du}{dy}\bigg|_{y=0}$$

であるから，壁面における速度勾配 $du/dy$ がわかればよい．そのためには壁面に対して垂直方向（$y$ 方向）の速度分布を知る必要がある．以下のように円管内の速度分布を調べてみよう．

円管内における流れを図 **5.4** に示すように円筒座標系で記述し，半径方向および円周方向の速度成分はないものとすると，次のような関係が得られる．半径 $r$，長さ $\Delta x$ の円筒形流体要素に作用する力のバランスを考えると，

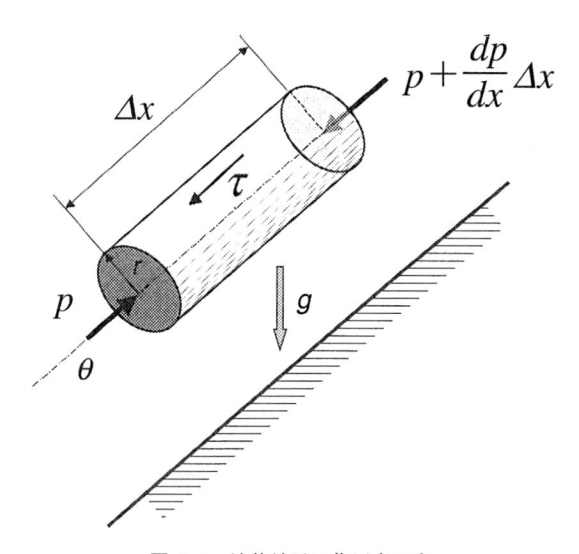

図 **5.4** 流体粒子に作用する力

$$\pi r^2 p - \pi r^2 \left(p + \frac{dp}{dx}\Delta x\right) - 2\pi r\tau\Delta x - \rho g \pi r^2 \Delta x \sin\theta = 0 \qquad (5.20)$$

ここに，$\rho g \pi r^2 \Delta x$ は流体粒子の重さであり，これに $\sin\theta$ が掛かっているのは管が角度 $\theta$ 傾いているためであり，重さによる力の $x$ 軸方向成分を表す．式 (5.20) より

$$-\frac{dp}{dx} = \frac{2\tau}{r} + \rho g \sin\theta \qquad (5.21)$$

または，

$$\tau = -\frac{r}{2}\left(\frac{dp}{dx} + \rho g \sin\theta\right) \qquad (5.22)$$

と表される．すなわち，定常な管内流れにおいて，流体粒子に作用している圧力勾配による力（流体粒子の上流と下流における圧力差）は粘性力と重力の和に釣り合っていることを表している．なお，管が水平 ($\theta=0$) であれば，せん断応力は圧力勾配に比例することがわかる．

圧力ヘッドの降下が管の長さ $L$ に比例し，直径 $D$ に反比例すると仮定すると，管摩擦損失ヘッドは次のように表せる．

$$h_f = \frac{p_1 - p_2}{\rho g} = \frac{-L}{\rho g}\frac{dp}{dx} = \lambda \frac{L}{D}\frac{\bar{u}^2}{2g} \qquad (5.23)$$

これをダルシー・ワイスバッハの式という．ここに，$\lambda$ は管摩擦係数である．この値は管の種類，流れが層流か乱流かによっても異なり，**図 5.5** に示すムーディ線図 (Moody chart) によって与えられる．ここで，水平管 ($\theta=0$) であるとき，壁面上のせん断応力（壁面せん断応力）$\tau_0$ は，式 (5.22) に $r=D/2$ を代入することによって次のように得られる．すなわち，

$$\tau_0 = -\frac{D}{4}\frac{dp}{dx} \qquad (5.24)$$

である．これと式 (5.23) とから，

$$\lambda = \frac{8\tau_0}{\rho \bar{u}^2} \qquad (5.25)$$

の関係が得られる．これにより，管摩擦係数，壁面摩擦応力，管内の平均速度または体積流量の関係が求められたので，平均流速と管摩擦係数がわかれば，壁面せん断応力を求めることができる．これを式 (5.19) に代入することによって摩擦による力が求められる．摩擦により消費される動力は，

$$L_f = F_f \bar{u} \qquad (5.26)$$

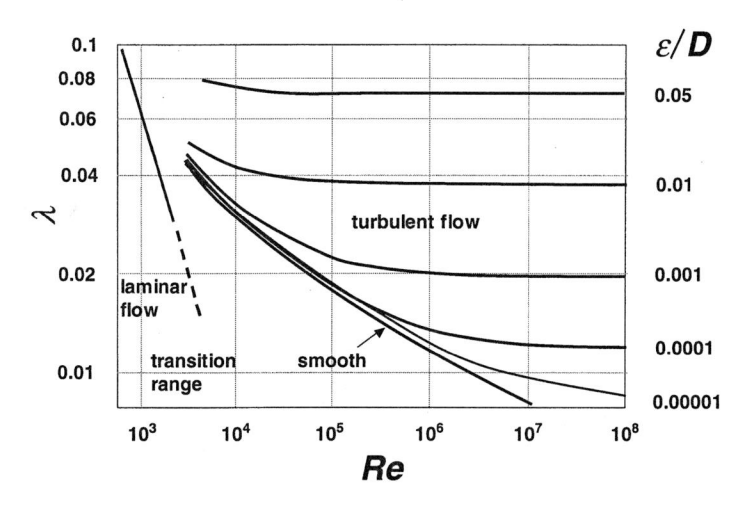

図 5.5 壁面摩擦数のレイノルズ数に対する変化（ムーディ線図）

によって得られる．

ここで，まだ管摩擦係数が未知のままであるので，それについて以下に述べる．

## 5.3 層流・乱流による損失

### 5.3.1 層流における壁面せん断応力

層流と乱流では 4.4 節でも述べたように，せん断応力に違いがある．層流では第 2 章の図 2.10 に示したように壁面に平行な面を通した分子の衝突による運動交換がせん断力となる．ニュートン流体では，せん断応力 $\tau$ は速度勾配に比例するので円管においては次式のように書ける．

$$\tau = \mu \frac{du}{dr} \tag{5.27}$$

水平管 ($\theta=0$) であるとして，式 (5.27) を式 (5.22) に代入し，境界条件である $r=D/2$ において $u=0$ を考慮して積分すれば，

$$u = -\frac{1}{4\mu} \frac{dp}{dx}\left(\frac{D^2}{4} - r^2\right) \tag{5.28}$$

を得る．したがって，平均速度は，

$$\bar{u} = \frac{1}{\pi D^2/4} \int_0^{D/2} 2\pi r u \, dr = -\frac{D^2}{32\mu} \frac{dp}{dx} \tag{5.29}$$

これと式 (5.24) で表された $\tau_0$ を式 (5.25) に代入し，レイノルズ数の定義である式 (5.15) を用いると，

$$\lambda = \frac{64}{Re} \tag{5.30}$$

が得られる．

円管内における流れは $Re > 2300$ で乱流になる．たとえば $D = 20 \, \text{mm}$ の円管に毎分 18 $l/\text{min}$ の水を流したとすると，平均流速は 0.95 m/s となり，この値から $Re$ を計算すると $1.9 \times 10^4$ になる．このレイノルズ数では管内流は乱流である．逆に，同じ管において $Re = 2300$ となる流速または流量を求めると，それぞれ 0.12 m/s および 2.2 $l/\text{min}$ である．これは 2 $l$ のペットボトルをいっぱいにするのに，1 分かけて注入する程度の流量である．このように考えるとたいていの場合は乱流であることがわかる．

次に乱流における壁面摩擦応力を以下のように見積もってみよう．

### 5.3.2 乱流における壁面せん断応力

乱流において，層流のときのように速度分布を理論的に導けないのは，乱流では乱れが存在するためにそれに伴う見かけの応力が発生するからである．一般的に，管内流れにおける乱流速度分布を決定するのには 2 つの方法がある．1 つは速度分布形状を指数関数で近似するもので，指数は実験データをもとに決定される．他のものは，次元解析によって，$Re$ に依存しない普遍的な速度分布を決定するものである．

壁面から管中心方向に測った距離 $y$ を用いると，指数速度分布は次のように表される．

$$\frac{u}{u_{\max}} = \left(1 - \frac{(D/2) - y}{D/2}\right)^{1/7} \tag{5.31}$$

したがって，せん断応力は

$$\tau = \mu \frac{du}{dy} = \frac{1}{7}\left(1 - \frac{(D/2) - y}{D/2}\right)^{-6/7} \tag{5.32}$$

と表される．しかし，壁面上である $y = 0$ を式 (5.32) に代入すると，$\tau = \infty$ となる．また，中心線上では $y = D/2$ であるから，これを式 (5.32) に代入する

と，$\tau \neq 0$ となるので，中心線上で滑らかな分布とならず，折れ曲がったような形となってしまう．したがって，この分布は実験で得られた速度分布と大まかには合うが，この速度分布を用いて壁面せん断応力を求めることができない．

しかし，この速度分布の指数の決定に際して基準となったのは，次に示す管摩擦係数に対する実験式である．すなわち，

$$\lambda = 0.31464 Re^{-1/4} \tag{5.33}$$

である．これはブラジウスの公式（Blasius formula）と呼ばれるものである．したがって，この式（5.33）で管摩擦係数を求め，それを式（5.25）に代入して壁面せん断応力を求める．この場合，速度分布は式（5.31）で近似される1/7乗速度分布を用いる．

次に，次元解析に基づく乱流速度分布について以下に述べる．第2章の図2.10に示されるように，層流のせん断応力が上下層を横切って行われる「分子」の運動量交換であるのと同様の考え方から，乱流では乱れを含んだ「流体粒子」の運動量交換によってせん断応力が生じるとする．また，壁面の極近傍では乱流境界層における粘性底層の存在により，層流の場合と同じせん断応力発生であるとする．したがって，せん断応力は次のように書ける．

$$\tau = \tau_{lam} + \tau_{turb} = \mu \frac{du}{dr} - \rho \overline{u'v'} \tag{5.34}$$

ここに，$-\rho \overline{u'v'}$ はレイノルズ応力（Reynolds stress）と呼ばれ，乱れによって誘発されるせん断応力である．したがって，層流のせん断応力が流体の粘性係数に依存するのに対して，乱流のせん断応力は流体の密度に依存することがわかる．乱流においても $\tau$ は $y$ に対して直線的に変化する．この $\tau$ における $\tau_{lam}$ と $\tau_{turb}$ の大きさは，壁面近くでは $\tau_{lam}$ が大きく，逆に管中心部では $\tau_{turb}$ が大きい．

ここで，$\tau_{turb}$ を次のように表現しよう．

$$\tau_{turb} = -\rho \overline{u'v'} = -\tau_0 \left(1 - \frac{y}{D/2}\right) = \rho l^2 \left|\frac{du}{dy}\right| \left(\frac{du}{dy}\right) \tag{5.35}$$

ここに，$l$ はプラントルの混合長距離（mixing length）と呼ばれ，流体粒子が他の流体粒子に衝突するまでの距離を表している．円管内における $l$ の分布を図5.6に示す．管中央部において $l$ は最も長く，半径の14%程度の距離となる．ここで，$l$ を次式のように近似する．

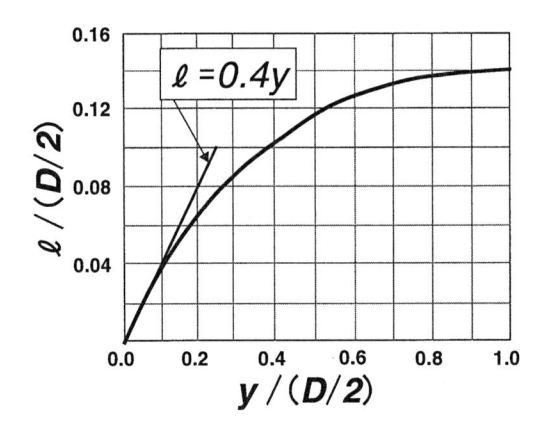

図 5.6 円管内におけるプラントルの混合長距離

$$l = xy\left(1 - \frac{y}{D/2}\right)^{1/2} \tag{5.36}$$

ここに，$x$ は比例定数である．これを式 (5.35) に代入して積分し，整理すると次式となる．

$$\frac{u}{u^*} = \frac{1}{x}\ln\frac{yu^*}{v} + C \tag{5.37}$$

ここに，$u^* = \sqrt{\tau_0/\rho}$ であり，速度の次元をもつため摩擦速度と呼ばれる．これを用いて無次元化した速度 $u/u^*$ を $u^+$，$yu^*/v$ を $y^+$ と書く．なお，$x = 0.4$，$C = 5.5$ と実験から得られているので，それらを式 (5.37) に代入すると，

$$u^+ = 2.5\ln y^+ + 5.5 = 5.75\log y^+ + 5.5 \tag{5.38}$$

と表される．この式は第 4 章の式 (4.39) に示した乱流境界層のものとまったく同じ形である．したがって，この速度分布は図 4.12 に示すものと同じ分布となる．なお，$y^+ < 5$ の薄い層を粘性底層，$5 < y^+ < 30$ の領域をバッファー領域，$30 < y^+$ の領域を乱流領域という．

しかし，この式も先ほどの近似速度分布と同様，壁面上における速度勾配を求めることができない．したがって，計測した速度分布から壁面摩擦応力を求めるためには，次のようにするのが最も簡単である．すなわち，式 (5.38) を次のように変形する．

$$u = 5.75 u^* \log y + 5.75 u^* \log\frac{u^*}{v} + 5.5 \tag{5.39}$$

次に，壁面からの距離 $y$ において計測した $u$ を図 5.7 のように片対数のグラ

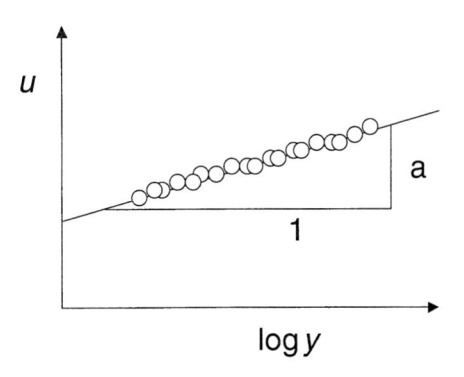

図 5.7 壁面せん断応力を求める簡便な方法

フにプロットし，このとき直線となる部分の傾き $a$ を測る．この傾きから次のようにして壁面せん断応力を見積もる．

$$a = 5.75 u^* = 5.75\sqrt{\frac{\tau_0}{\rho}}$$

$$\therefore \quad \tau_0 = \rho \left(\frac{a}{5.75}\right)^2 \tag{5.40}$$

これを式 (5.19) に代入し，摩擦による力を求めることができる．

管摩擦係数を得るためには，式 (5.25) を式 (5.38) に代入して得られる次式を用いる．すなわち，

$$\frac{1}{\sqrt{\lambda}} = 2.0 \log(\sqrt{\lambda}\,Re) - 0.8 \tag{5.41}$$

である．この式から，たとえば，$Re = 10^4$ のときは $\lambda = 0.0309$，$Re = 10^8$ のときは $\lambda = 0.0059$ であることから，レイノルズ数が 10000 倍になっても，管摩擦係数は約 1/5 にしかならない程度の変化であることがわかる．

## 5.4 管路における各種損失

### 5.4.1 壁面粗さ

管内の壁面の物理的な粗さ $\varepsilon$ は，たとえばコンクリート，鉄，木材，ガラス，などの管の材質とか，鋳物，引抜き，メッキ，溶接などの製造方法，リベット，溶接などによる管材の接合方法などによって異なる．しかし，流れがそれらの材

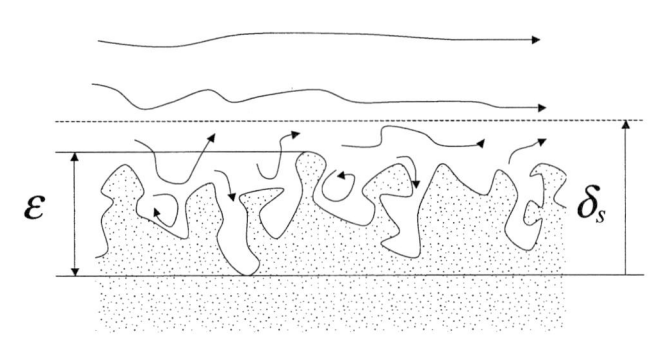

**図 5.8** 流れは底面のでこぼこを粗いとみなすか？

質における表面を粗いとみなすかどうかは，図 5.8 に示すように，乱流境界層における粘性底層の厚さ $\delta_s$ と $\varepsilon$ の大きさの程度によって決まる．

　管内の流れが層流であるときには，壁面粗さの影響はない．すなわち，どんな材質の管でも管摩擦係数は式（5.30）で与えられ，レイノルズ数だけに依存する．粗さのように流れを乱す要因があっても層流である限り，それによる乱れは減衰してしまい，流れの速度分布を変えるようなことにはならないからである．乱れの減衰には粘性が影響するので，式（2.45）に与えられるように層流せん断応力と速度勾配の比例係数として粘性係数が入っているのである．したがって，速度分布が変化しないので，壁面における速度勾配に依存する壁面せん断応力も変化しないことになり，結局摩擦力も壁面の粗さの影響を受けないことになる．

　これに対し，乱流では 4.4 節でも示したように，境界層の最下層である壁面に接する部分には粘性底層という境界層厚さに対して 1% 以下である厚さ（$\delta_s = 5v/u^*$）の薄い層がある．この層と乱れた乱流層の間には遷移層（バッファー層）という部分があり，そこは乱流境界層の乱れの生成工場である．したがって，この遷移層が粗さによって影響を受けると，乱流境界層における乱れ，すなわち乱流せん断応力が影響を受けることになる．したがって，もし壁面の粗さの寸法 $\varepsilon$ が粘性底層内に入っているときには，粗さによって流れが乱されても，その層は層流状態であるから乱れは減衰してしまう．この場合，粗さは乱流に影響しないことになる．そこで，

$$\varepsilon \leq \delta_s = 5\frac{v}{u^*} \tag{5.42}$$

である場合，管は乱流境界層に対して「滑らか」(hydraulically smooth) であるという．管の直径 $D$ に対する粗さ $\varepsilon$ を相対粗度 $(\varepsilon/D)$ といい，それがおよそ $\varepsilon/D<10^{-5}$ であれば滑らかな場合における式 (5.41) を用いて管摩擦係数を求めることができる．

粗さの寸法が遷移層程度 $(5v/u^* < \varepsilon < 70v/u^*)$ であるとき，管摩擦係数は次のコールブルックの式 (Colebrook formula) を用いる．

$$\frac{1}{\sqrt{\lambda}} = -2.0\log\left(\frac{\varepsilon/D}{3.7} + \frac{2.51}{Re\sqrt{\lambda}}\right) \tag{5.43}$$

ここに，$10^{-5} < \varepsilon/D < 10^{-2}$ である．

また，粗さの寸法が遷移層を越え乱流層にまで及ぶようなとき $(\varepsilon > 70v/u^*)$，完全に粗い管といい，$\varepsilon/D > 10^{-2}$ においてレイノルズ数には無関係に次式を用いる．

$$\lambda = \sqrt{2\log\frac{\varepsilon}{D} + 1.74} \tag{5.44}$$

これらをまとめたのが，図 5.5 に示したムーディ線図 (Moody chart) として与えられる．

### 5.4.2 各 種 管
#### (1) 非円形断面管

管の断面が円形でない場合の管の代表として，図 5.9 に示すように矩形断面の管がある．この場合，コーナーにおいて流れ方向に軸をもつ縦渦対（2次流れ）が発生する．このように主流に対して直角な断面内の速度成分が発生することによって，主流の運動エネルギーが断面内の速度成分をもつ運動エネルギーに分配される．したがって，断面内の速度成分をもつ乱流せん断応力の増加となる．このため損失となる．

このときの管摩擦係数を求めるために次のようにする．円管における式を用いるために，次式のように水力直径 (hydraulic diameter) $D_h$ と，レイノルズ数を定義する．

$$D_h = \frac{4A}{s}, \qquad Re_h = \frac{D_h\bar{u}}{\nu} \tag{5.45}$$

ここに，$A$ は断面積，$s$ は濡れぶちと呼ばれる断面内における周の長さである．式 (5.45) で定義される $Re_h$ 数を用いると，乱流速度分布に 1/7 乗速度分布を

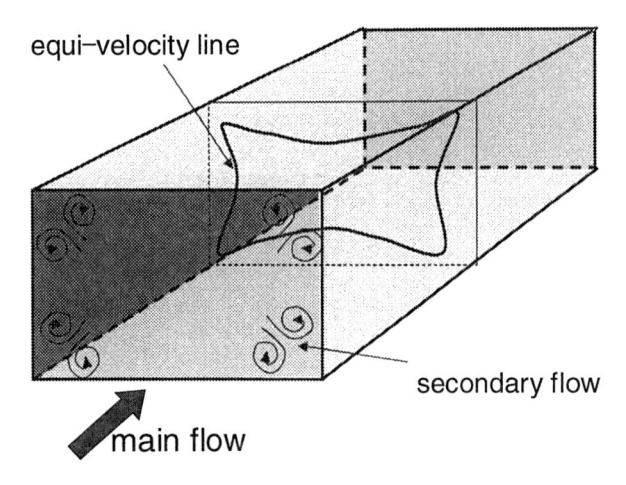

equi-velocity line

secondary flow

main flow

図 5.9 矩形管内の流れ（角部に渦ができる）

用いたときの式（5.33）で与えられる管摩擦係数の式（ブラジウスの式）における $Re$ を $Re_h$ に換えるだけで，管摩擦係数を求めることができる．

(2) 非直管（曲がり管）

円管であっても，エルボーとかベンドといった配管における管部品では図 5.10 に示すようにカーブしている．この場合も，先ほどと同様，流れ方向に軸

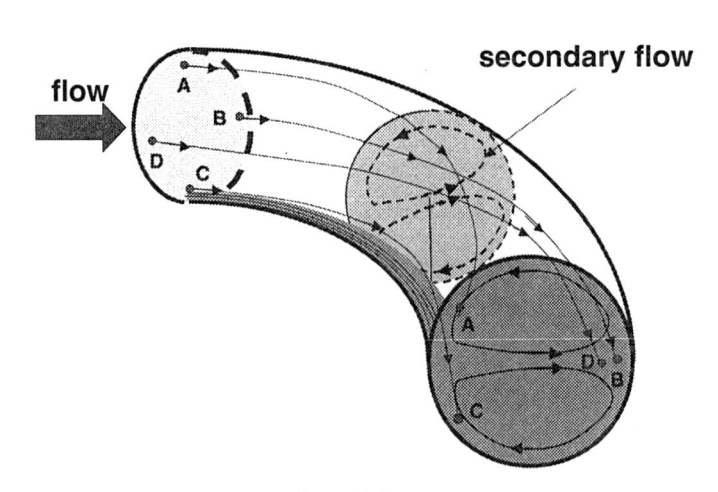

flow

secondary flow

図 5.10 曲がり管内には渦ができる

をもつ縦渦対（2次流れ）が発生する．曲がり部を運動することによる遠心力に釣り合うように曲がりの半径方向に圧力勾配が生じるためである．管壁近くの流れがその圧力勾配によって曲がりの中心方向に移動するのを補うように，管中心部の流れは半径方向に移動する．このため断面内には流れ方向に軸をもつ渦が発生することになる．渦が発生すると，主流の運動エネルギーが断面内の速度成分をもつ運動エネルギーに分配されるので，損失となる．

また，曲がりがきついと曲がり部において剥離をすることがある．これによって流れと直角方向に軸をもつ渦が発生する．渦が発生すると上述と同じ理由により損失となる．

損失ヘッド $h_c$ は次式で与えられる．

$$h_c = \zeta_c \frac{1}{2} \rho \bar{u}^2 \tag{5.46}$$

しかし，この損失を系統立てて求めることが難しいため，損失係数 $\zeta_c$ が種々の条件において与えられている．たとえば，表5.1に示されるように，90°エルボーでは0.3，180°ベンドでは $\zeta_c = 0.2$ である．

### (3) ディフューザ（拡大管）

異なる直径の管を接続する際に，緩やかに直径を増加させていく管をディフューザという．式(2.61)で表される連続の式，および式(3.41)で表されるベルヌーイの式から，断面が増加すると流れ方向に速度は減速し，圧力は増加することがわかる．言いかえれば，正の圧力勾配（流れ方向に増加）のために，流れを減速させる方向の力が作用することになる．この圧力勾配の影響を受けやすいのは境界層における運動量の小さな流れである．正の圧力勾配により主流方向と反対方向の力を受けているため，場合によっては境界層中の流れは主流とは逆方向に流れることになる．これを逆流という．逆流する流れを補うために主流から壁方向に向かう流れが生じなければならないので，主流に直角に軸をもつ渦が生じる．このような領域を逆流領域という．この逆流領域が閉じた領域を形成するとき，これを剥離泡と呼ぶ．剥離が起こると，このように渦が生じるために損失となる．

しかし，断面積増加による正の圧力勾配は，管摩擦損失ヘッドを与える式(5.23)における負の圧力勾配を弱める方向に作用する．したがって，緩やかな

断面積増加は摩擦損失を減らす効果がある．ディフューザ入り口断面積と出口断面積の比を一定として開き角度を変化させ損失係数 $\zeta_d$ の値を調べると，開き角度が $2\theta \approx 7°$ のとき，損失係数は最小となり，$\zeta_d = 0.12$ 程度となる．角度を増加させると損失係数も増加し，角度が $2\theta \approx 30°$ のときでは，$\zeta_d = 1.0$ ほどになる．損失係数は開き角度だけではなく，ディフューザ入り口断面積と出口断面積の比によっても異なるので，種々の組合せによる値に対する線図が与えられている．

逆に，断面積が徐々に狭まっていく管（ノズル）の場合には，流れの剥離は起こりにくく，管摩擦による損失だけである．損失係数はおよそ 0.05 程度である．

### 5.4.3 各種部品

バルブ，オリフィス，直径の異なる管の接続部（急拡大・急縮小管），合流・分岐管，管出口などにおいて，剥離および2次流れなどによる渦発生に伴う損失が生じる．また，圧力の急激な低下によってキャビテーション（cavitation）を起こし，壁面の損傷や騒音発生の問題ともなる．それらにおける流れの様子および損失ヘッド $h_{loss}$ を次式のように表すときの各部品の損失係数 $\zeta$ を表5.1にまとめて示した．

$$h_{loss} = \zeta \frac{\bar{u}^2}{2g} \tag{5.47}$$

バルブなどは元々閉めたときに，この損失を大きくして流れを流さないようにするものであるから，閉めるに従って，損失係数が増大しないといけないものである．しかし，全開のときはなるべくこの損失係数が小さいものを選ぶ方が全体の損失を低減する上で有利である．

管路系全体における各損失の総和を総損失と呼び次式のように求められる．すなわち，

$$h_{total} = \sum_n \zeta_n \frac{\bar{u}^2}{2g} \tag{5.48}$$

ここに，$\zeta_n$ は各部品の損失係数である．その1つに管摩擦損失 $\zeta_n = \lambda L/D$ も含まれる．

## 5.5 管 路 網

管路網は異なる直径および長さの管を直列や並列につないだ管で構成される．そのような管路網における損失，各部における流量を見積もる方法を考えてみよう．

まず，管路の要素を図5.11に示す．管内径を $D$，長さを $L$ としたときの管摩擦損失は $\lambda L/D$ と書ける．また，接続部における損失やその他の損失をまとめて $\zeta$ と書くと，この管要素の損失ヘッド $h_e$ は

$$h_e = \left(\lambda \frac{L}{D} + \zeta\right) \frac{u_e^2}{2g} \tag{5.49}$$

と表される．ここに，$u_e$ は管路要素を流れる流速である．この流速を管路要素を流れる流量 $Q_e = \pi(D/2)^2 u_e$ を用いて表すと，式 (5.49) は次のように表される．

$$\begin{aligned} h_e &= \frac{1}{2g}\left(\lambda \frac{L}{D} + \zeta\right)\left(\frac{4}{\pi D^2}\right)^2 Q_e^2 \\ &= k Q_e^2 \end{aligned} \tag{5.50}$$

したがって，管路要素における損失ヘッドは損失係数 $k$ と流量 $Q_e^2$ の積で表されることがわかる．

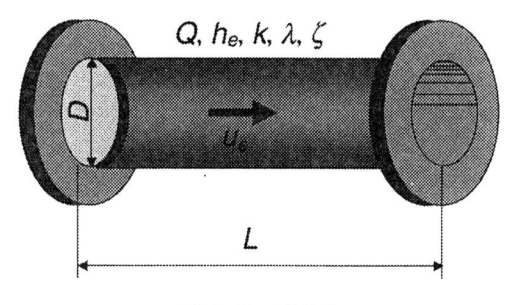

図 5.11 管要素

### 5.5.1 直列管路

図5.12に示すように管路要素が直列に接続されている場合，全体では1本の管であるから，それぞれの管路には同じ流量が流れる．したがって，それぞれの

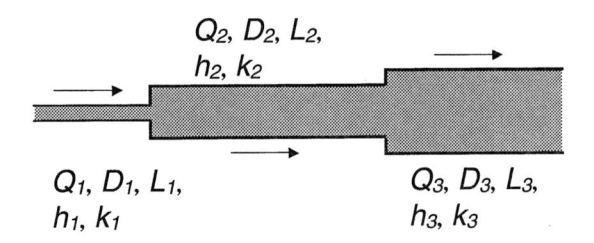

図 5.12 異なる管を直列につないだ管

管路要素をサフィックスを付けて区別して表すと，全体流量 $Q$ は

$$Q = Q_1 = Q_2 = Q_3 \tag{5.51}$$

である．また直管全体の管摩擦損失 $h_{total}$ は，

$$h_{total} = h_1 + h_2 + h_3 \tag{5.52}$$

と表される．したがって，式 (5.50) と式 (5.52) より，

$$h_{total} = (k_1 + k_2 + k_3) Q^2 \tag{5.53}$$

である．この場合，式 (5.48) で計算される総損失を求める場合と同じである．すなわち，直列の場合，損失は単純に和で表される．

### 5.5.2 並列管路

図 5.13 に示されるように，1 本の管を通った流体が分岐して並列に並んだ管路を流れ，その後それらを流れた流れが集まって 1 本の管に合流するような場合，並列管路という．それぞれの並列管路に分流された流れが再び合流して出口の管に流れ込むのであるから，流量に関しては次の関係が成り立つ．

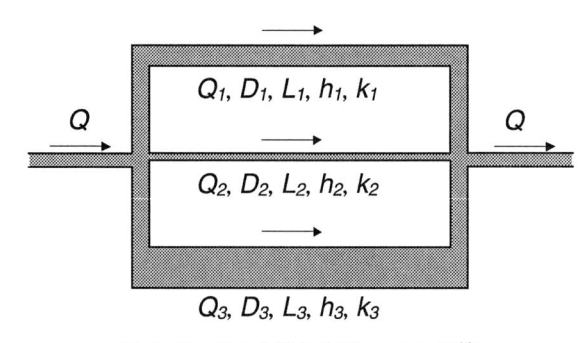

図 5.13 異なる管を並列につないだ管

$$Q = Q_1 + Q_2 + Q_3 \tag{5.54}$$

各並列管における分岐部と合流部間の損失はそれぞれ同じでなければならない．そうでないと，どこかの管路要素に逆流してしまうことになる．したがって，並列管の損失に関しては，

$$h_{total} = h_1 = h_2 = h_3 \tag{5.55}$$

が成り立つ．したがって，式 (5.54) と式 (5.55) から次式が得られる．

$$h_{total} = \frac{Q^2}{(1/\sqrt{k_1} + 1/\sqrt{k_2} + 1/\sqrt{k_3})^2} \tag{5.56}$$

### 5.5.3 3つの貯水槽接合問題

図 5.14 に示すように，3つの貯水槽 A，B，C から伸びるそれぞれの導水管が1つの点で接合されている場合，どの貯水槽からどの貯水槽へどれほど流れるかを見積もってみよう．なお，それぞれの管の番号を諸量にサフィックスとして付ける．接合部にはそこに向かう流れとそこから流れ去る流れがある．したがって，接合部では

$$Q_1 + Q_2 + Q_3 = 0 \tag{5.57}$$

でなければならない．ただし，$Q_1 = \pi(D_1/2)^2 u_1$, $Q_2 = \pi(D_2/2)^2 u_2$, $Q_3 = \pi(D_3/2)^2 u_3$ である．

いま，A の貯水槽から B の貯水槽へ流れると仮定すると，損失を考慮したべ

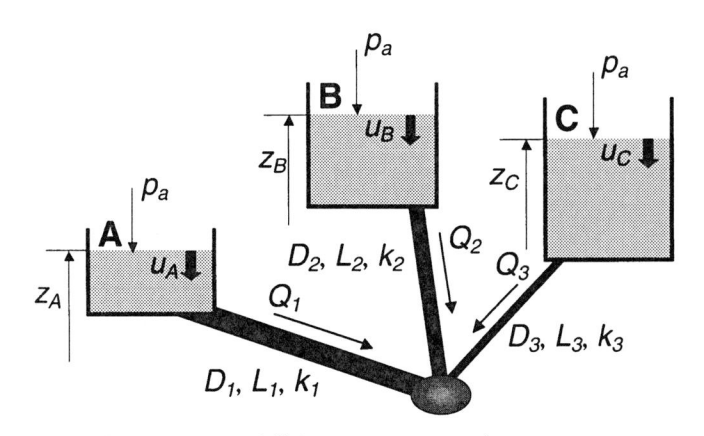

図 5.14 3つの水槽をつないだらどのように流れる？

ルヌーイの式から，

$$\frac{p_a}{\rho g}+\frac{u_A{}^2}{2g}+z_A=\frac{p_a}{\rho g}+\frac{u_B{}^2}{2g}+z_B+\left(\lambda_1\frac{L_1}{D_1}+\zeta_1\right)\frac{u_1{}^2}{2g}+\left(\lambda_2\frac{L_2}{D_2}+\zeta_2\right)\frac{u_2{}^2}{2g}$$

$$=\frac{p_a}{\rho g}+\frac{u_B{}^2}{2g}+z_B+k_1Q_1{}^2+k_2Q_2{}^2 \tag{5.58}$$

が成り立つ．ここで，$p_a$ は大気圧である．いま，$p_a=0$，$u_A=u_B=0$ とすると，

$$z_A-z_B=k_1Q_1{}^2+k_2Q_2{}^2 \tag{5.59}$$

と表される．したがって，水面差は管路損失に等しいことがわかる．次に，A の貯水槽から C の貯水槽へ流れると仮定すると，

$$\frac{p_a}{\rho g}+\frac{u_A{}^2}{2g}+z_A=\frac{p_a}{\rho g}+\frac{u_C{}^2}{2g}+z_C+\left(\lambda_1\frac{L_1}{D_1}+\zeta_1\right)\frac{u_1{}^2}{2g}+\left(\lambda_3\frac{L_3}{D_3}+\zeta_3\right)\frac{u_3{}^2}{2g}$$

$$=\frac{p_a}{\rho g}+\frac{u_C{}^2}{2g}+z_C+k_1Q_1{}^2+k_3Q_3{}^2 \tag{5.60}$$

が成り立つ．先ほどと同様に，$u_A=u_C=0$ であるとすると，

$$z_A-z_C=k_1Q_1{}^2+k_3Q_3{}^2 \tag{5.61}$$

と表される．

以上から式 (5.57)，(5.59)，(5.61) を用いて，各管を流れる流速を求めることができる．

### 5.5.4 管 路 網

管路網（pipe network）の各構成管路における流量および損失ヘッドを求めるために，**図 5.15** に示すような単純化した 1 つのループを考えよう．このループの 1 つの管路を流れる真の流量を $Q$，そのときの損失ヘッドを $h$ と表す．最初はこれらの真値がわからないので，近似値 $Q'$，および $h'$ を仮定する．また，真値からのずれをそれぞれ $\Delta Q$，$\Delta h$ とする．したがって，

$$Q=Q'+\Delta Q, \qquad h=h'+\Delta h \tag{5.62}$$

である．このずれを補正するのである．補正する $\Delta Q$ と $\Delta h$ の関係は式 (5.62) から，次式のように表される．

$$\Delta h=h-h'=kQ^2-kQ'^2=k(Q'+\Delta Q)^2-kQ'^2\simeq 2kQ'\Delta Q \tag{5.63}$$

である．ただし，上式において，$\Delta Q^2$ は微小量であるとして省略した．

図 5.15 に示すように時計まわりの流れによる損失を正，反時計まわりの流れによる損失を負として表す．また，それらの流れによる流量の符号もそのルール

## 5.5 管 路 網

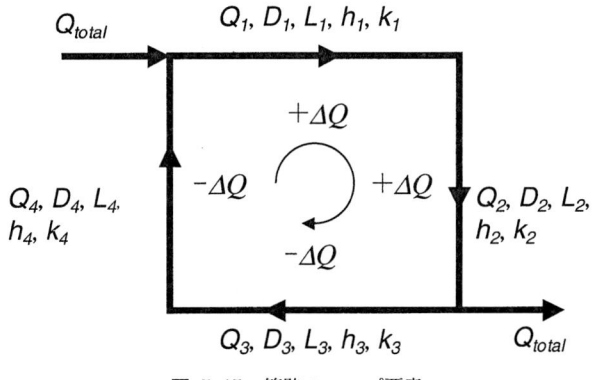

図 5.15 管路のループ要素

に準ずるものとする．このループは並列管路であるから，入り口と出口の間の損失は分岐した管それぞれにおいて同じでなければならない．したがって，

$$h_1+h_2=h_3+h_4 \tag{5.64}$$

すなわち，式 (5.64) より，$h_1+h_2-(h_3+h_4)=0$ であるから，ループにおける符号のルールからいえば，ループにおける損失の総和が 0 であることを意味している．したがって，式 (5.64) を次のように書き直す．すなわち，

$$\sum h = \sum h' + \sum \varDelta h = 0 \tag{5.65}$$

である．これを式 (5.63) の関係を用いて流量の式に書き直すと次のようになる．すなわち，

$$\sum kQ^2 = \sum kQ'^2 + \sum 2kQ' \varDelta Q = 0 \tag{5.66}$$

である．ここで，このループにおけるどの管にも同じ補正流量 $\varDelta Q$ を与えるとすると，補正によってループにおける流量バランスが崩れることはない．$\varDelta Q$ は式 (5.66) より次のように表される．

$$\varDelta Q = -\frac{\sum kQ'^2}{\sum 2kQ'} \tag{5.67}$$

なお，$\varDelta Q$ と $\varDelta h$ の符号を考慮して式 (5.67) を次のように書き直す．すなわち，

$$\varDelta Q = -\frac{\sum kQ'|Q'|}{\sum 2k|Q'|} \tag{5.68}$$

これを用いた補正を管路網のすべてのループについて行い，$\varDelta Q$ がある閾値より

小さくなるまで繰り返し計算を行う.

コラム⑤

## 加 速 度

いま,曲がった流線上にある流体粒子に力が作用し,速度 $\vec{u}_s$ からわずかの距離を移動して $\vec{u}_s+d\vec{u}_s$ になったときを考えよう.流体粒子の質量を $m$ とすると,その力は $\vec{F}=m\vec{a}$ である.加速度ベクトル $\vec{a}$ の $s$ 方向成分は $a_s$, $n$ 方向(カーブした流線の内側を向くように取った方向)の成分は $a_n$ である.それらは図1からそれぞれ次のように表される.

$$a_s = \frac{du_s}{dt} = \frac{\partial u_s}{\partial s}\frac{ds}{dt} = u_s\frac{\partial u_s}{\partial s} = \frac{\partial\left(\frac{1}{2}u_s^2\right)}{\partial s}$$
$$a_n = \frac{du_n}{dt} = \frac{\partial u_n}{\partial s}\frac{ds}{dt} = u_s\frac{\partial u_n}{\partial s} \tag{1}$$

なお,$ds/dt=u_s$ である.ここに,$a_n$ は次のように書き換えることができる.すなわち,$r$ を流体粒子の位置する部分における流線の曲率半径とすると,図から $d\theta = du_n/ds = u_s/r$ であることがわかる.この関係を式(1)における $a_n$ に代入すると,

$$a_n = \frac{u_s^2}{r} \tag{2}$$

が得られる.流体粒子の単位体積当りの質量(密度)を $\rho$ とすると,この加速度によって流体粒子に作用する力は,

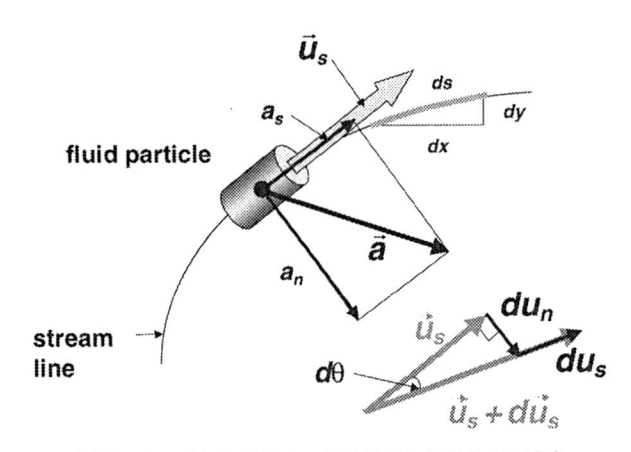

図 1　カーブした流線上の流体粒子に作用する加速度

## 5. 管路内流れ

$$F_n = \rho a_n = \rho \frac{u_s^2}{r} = \rho r \omega^2 \tag{3}$$

である．これは，式の形からわかるようにこれは遠心力に釣り合う向心力である．ここに，$u_s = r\omega$ であり，$\omega$ は角速度である．この向心力は流れ場においては $n$ 方向に減少する圧力（負の勾配）による力である．したがって，

$$-\frac{\partial p}{\partial n} = F_n = \rho \frac{u_s^2}{r} \tag{4}$$

である．このことから，曲がった流線をもつ渦の中心における圧力は周囲に比べて低いことがわかる．また，この圧力勾配は 5.4.2 項で示した曲がり管における 2 次流れの原因となる．

一方，流線方向の加速は，流線方向の圧力勾配（流体粒子の両断面に作用する圧力差）による力と，流体粒子の両断面に作用する重力による力の差（基準位置から測った各断面までの距離を $z$ で示す）によって得られる．すなわち，式（1）における加速度 $a_s$ を用いて，流体粒子に作用する力のバランスは次のように書ける．

$$\begin{aligned}F_s &= \rho a_s = \rho u_s \frac{\partial u_s}{\partial s} = \frac{\rho}{2} \frac{\partial u_s^2}{\partial s} \\ &= -\frac{\partial p}{\partial s} - \frac{\partial (\rho g z)}{\partial s}\end{aligned} \tag{5}$$

したがって，$\rho$ を一定として，流線上における点 1 から点 2 まで式（5）を積分すると，

$$\frac{\rho}{2}(u_{s2}^2 - u_{s1}^2) = (p_1 - p_2) + \rho g(z_1 - z_2) \tag{6}$$

が得られる．これを次式のように書き換えると，

$$\frac{\rho}{2} u_{s1}^2 + p_1 + \rho g z_1 = \frac{\rho}{2} u_{s2}^2 + p_2 + \rho g z_2 \tag{7}$$

である．これは第 3 章の式（3.43）において示したベルヌーイの式である．

# 6. 流体騒音

## 6.1 音

　世の中には，図 6.1 に示すように音を発するものは多い．普段あまり気にとめていないが，気になりだすと小さな音でもうるさく感じるものである．音の評価は人間の感性に依存するので，一概に音の大きさだけでは決めつけられない．たとえば，同じ強さ（エネルギー）の音でも，周波数が違うと異なる強さのものとして感じる．それをグラフに表したのが図 6.2 の等感曲線（ラウドネス曲線）である．人間が異なる周波数の音を聞いて同じ音の強さと認識したレベルを表す．たとえば通常の会話の音の大きさは 60 phon 程度である．この 60 phon というのは，1 kHz の周波数の音の音圧レベルが 60 dB になる点を通る曲線であること

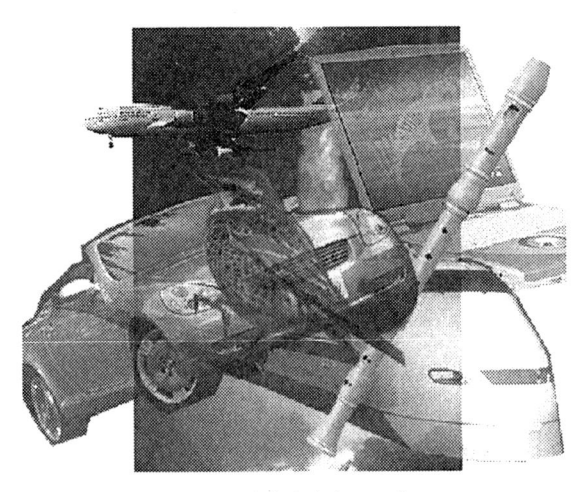

図 6.1　音を出すものは多い

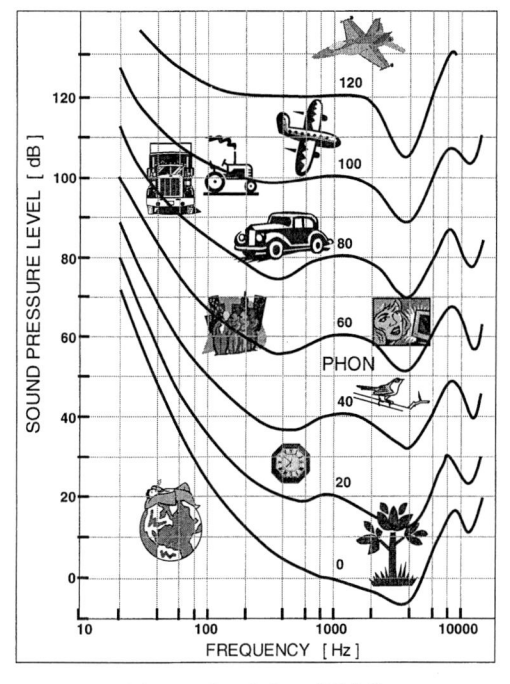

図 6.2 うるささの感覚曲線

を示している．したがって，50 Hz の音を聞いて，1 kHz の音の強さと同じ強さと感じても，実際には 80 dB の音であることがわかる．このように，1 つの曲線が表すことは，周波数が違うと同じ強さの音でも，デシベル値が異なるということである．したがって，音を工学問題として扱う際に人間を対象としていることを忘れてはならない．

音の大きさ（強さ）を表すのに，以下に示すようないくつかの表現がある．使い分けができるように以下にまとめておこう．なお音圧変動は第 1 章の 1.4.2 項に表した式（1.3）で与えられる．

(1) 人間が音を感じるときにその強さを表すのに適した音圧レベル（sound pressure level）

$$SPL = 10 \log_{10} \left( \frac{p}{p_0} \right)^2 = 20 \log_{10} \frac{p}{p_0} \quad [\text{dB}] \tag{6.1}$$

(2) 物理的に音の強さを表すのに適した音の強さ（sound intensity）

$$J = \frac{1}{T}\int_0^T pudt = \frac{p^2}{\rho a} \quad [\text{W/m}^2] \tag{6.2}$$

を用いて表現する音の強さのレベル (sound intensity level)

$$I = 10 \log_{10} \frac{J}{J_0} \quad [\text{dB}] \tag{6.3}$$

(3) 音源の強さを表すための音源パワーレベル (sound power level)

$$PWL = 10 \log_{10} \frac{W}{W_0} \quad [\text{dB}] \tag{6.4}$$

がある．ここで，$p_0 = 2 \times 10^{-5}$ [Pa]，$J_0 = 10^{-12}$ [W/m²]，$W_0 = 10^{-12}$ [W] である．これらの値は1 kHzの音が聞こえる最低振幅 $p_0$ を基準として設定されたものである．なお，単位のdBはデシベルと呼び，相対的な音の大きさを表すものである．音のダイナミックレンジが広いために ($J = 10^{-12} \sim 10^2$)，大きさの比較を log スケールに圧縮して表すためのものである．

異なる周波数をもつ2つの音があった場合の合成された音圧レベル $p$ とそれぞれの音圧レベル $p_1$，$p_2$ との関係を求めておこう．

$$p_1(t) = P_{a1}\sin(\omega_1 t), \quad p_2(t) = P_{a2}\sin(\omega_2 t), \quad p = p_1 + p_2 \tag{6.5}$$

合成音圧の実効値は，

$$p^2 = \frac{1}{T}\int_0^T p^2 dt = p_1^2 + p_2^2 \tag{6.6}$$

したがって，

$$\frac{p^2}{p_2^2} = \frac{p_1^2}{p_2^2} + 1 \tag{6.7}$$

それぞれの音圧レベルを $SPL_1$，$SPL_2$，$SPL$ と表すと，式 (6.1) より，

$$SPL_1 = 20\log_{10}\frac{p_1}{p_0}, \quad SPL_2 = 20\log_{10}\frac{p_2}{p_0}, \quad SPL = 20\log_{10}\frac{p}{p_0} \tag{6.8}$$

これらと，式 (6.7) から，次の関係が得られる．

$$10^{(SPL-SPL_2)/10} = 10^{(SPL_1-SPL_2)/10} + 1 \tag{6.9}$$

この式から，同じ音圧レベル ($SPL_1 = SPL_2$) の2つの音が重なっても，音圧レベルは3 dB 上がるだけであることがわかる．逆に，同じレベルの音が2つあるとき，一方を消音したとしても3 dB の減音しか得られないことがわかる．

## 6.2 圧力変化と密度変化

　音というのは，伝搬する微小圧力変動である．たとえば，通常の会話程度における声の音圧レベルはおよそ60 dBである．これを圧力変動（rms値）に換算すると$2\times10^{-2}$ Paであり，約$2\times10^{-7}$気圧の圧力変動に相当する．これを重さに換算すると，1 cm$^2$当り0.0002 mgの重さのものが乗った程度の力である．飛行機のエンジン音における音圧レベルは120 dBほどであり，先ほどの例の1000倍の圧力変動となるが，それでも1 cm$^2$当り0.2 mgの重さのものが乗った程度の力である．音の圧力がいかに極微なものであるかわかるであろう．

　この微小圧力変動である「音（sound）」によって引き起こされる変化は等エントロピー変化（断熱変化でかつ摩擦や伝導による損失がない可逆変化）であるとして扱う．したがって，圧力$p$と密度$\rho$との間には，第2章で示したように，

$$\frac{p}{\rho^\gamma}=\mathrm{const.} \tag{6.10}$$

の関係がある．ここに$\gamma(=1.4)$は空気の比熱比である．また，状態方程式は次のように表される．

$$p=\rho RT \tag{6.11}$$

ここに，$R$はガス定数であり，標準状態（15℃，1気圧（101.33 kPa））の空気では$R=286.9$ J/kg・Kである．これらから，密度が密（疎）なところは音圧が高い（低い）と言い換えられる．

　密度変化が空間的に$\lambda$という間隔で，時間的には$T$という周期で変化するものとして，密度変化を圧力変化に書き換えて表現すると次式のようになる．

$$p(x,t)=P_a \sin\left(\frac{2\pi t}{T}-\frac{2\pi x}{\lambda}+\phi\right) \tag{6.12}$$

ここで，$f=1/T$を周波数，$k=2\pi/\lambda$を波長定数または$k/(2\pi)=1/\lambda$を波数と呼ぶ．また，$P_a$は振幅，$\phi$は初期位相である．この波形は第1章の図1.13に示されている．

## 6.3 音速の流体力学的導出

音波という圧力もしくは密度の微小変化を生じる波面が，図 6.3 に示すように，ある速度 $a$ で移動している状態を考えよう．逆に，その波面が静止していて，流体がその速度で波面を通過していると考えてもよい．波面の上流では $p$, $T$, $\rho$, $a$ で表される諸量が，下流ではそれぞれ $p+dp$, $T+dT$, $\rho+d\rho$, $a+da$ に変化する．連続の式（質量保存則）と運動量保存則をこれに適用しよう．連続の式から

$$\rho a = (\rho + d\rho)(a + da) \tag{6.13}$$

この右辺を展開して，$d\rho da$ の項を省略すると，$a$ に関して次の式が得られる．

$$a = -\rho \frac{da}{d\rho} \tag{6.14}$$

次に運動量保存則から，

$$p + \rho a^2 = (p + dp) + (\rho + d\rho)(a + da)^2 \tag{6.15}$$

微分の積の項を省略し，$da$ について整理すると次の関係式が得られる．

$$da = \frac{dp + a^2 d\rho}{-2a\rho} \tag{6.16}$$

これを式 (6.14) に代入すると，

$$a = -\rho \frac{dp/d\rho + a^2}{-2a\rho} \tag{6.17}$$

が得られ，これから $a^2$ について解くと次の関係式が得られる．

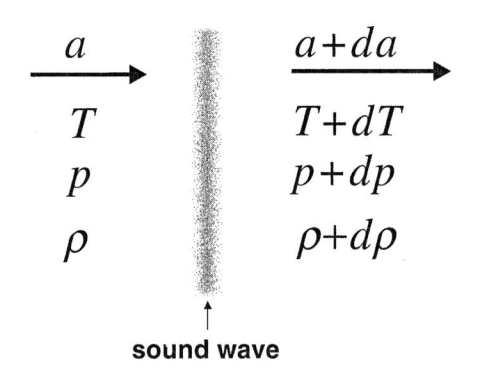

図 6.3 音波の通過による諸量の変化

$$a^2 = \frac{dp}{d\rho} \tag{6.18}$$

すなわち，流体中の諸量のわずかな変化の波面は音速で伝わることを意味している．言い換えれば，流体中で何か変化が起こるとその情報は音速で周囲に伝達されることを意味している．種々の気体における音速を第1章の表1.1に示してある．

## 6.4 平面音波

音波の性質を $x$ 方向にだけ進行する平面音波を代表に調べてみよう．音圧 $p(x, t)$ と粒子速度 $u(x, t)$ は次のように表される．

$$p(x, t) = P_a \sin\left\{2\pi f\left(t - \frac{x}{a}\right) + \phi\right\} = P_a \sin\{(\omega t - kx) + \phi\} \tag{6.19}$$

$$u(x, t) = \frac{P_a}{Kk} 2\pi f \sin\left\{2\pi f\left(t - \frac{x}{a}\right) + \phi\right\} \tag{6.20}$$

すなわち，音圧変動と速度変動の振幅は異なるが同位相で変化する．振幅の違いをみるために $p$ と $u$ の比を求めると，それは次のように表される．

$$\frac{p}{u} = \frac{Kk}{2\pi f} = \frac{K}{a} \tag{6.21}$$

ここに $K$ は体積膨張係数であり，$K = \rho a^2$ であるから，それを式 (6.21) に代入すると，次の関係が得られる．

$$\frac{p}{u} = \rho a = z \tag{6.22}$$

すなわち，音圧振幅と粒子速度振幅は流体の物性値である密度と周囲状況によって決定される音速の積で表されることがわかる．その積を $z$ と書き，音響固有インピーダンス（acoustic impedance）と呼ぶ．もし加えた力（音圧）が同じであれば，この値が大きい場合流体要素は少ししか動かないことを意味している．すなわち，音響固有インピーダンスが大きな流体では加わった力に対して，流体要素の運動抵抗が大きいといえる．これを逆にいえば，流体要素の速度変動が小さくても大きな圧力変動が生じる流体であることを意味する．

通常，音圧というと次式で表される実効音圧のことを指す．

$$P=\sqrt{\frac{1}{T}\int_0^T p^2(t)\,dt} \qquad (6.23)$$

正弦波変動であれば，$P=P_a/\sqrt{2}$ の関係にある．流体要素速度 $u$ に関しても同様にその実効値を $U$ で表す．以後，単に音圧，速度という表現はすべて実効値のことを指す．音響固有インピーダンスもこれらの実効値を用いて，次のように表される．

$$z=\frac{P}{U} \qquad (6.24)$$

さて，図 6.4 に示すように，音響固有インピーダンスが $z_1$ から $z_2$ に変化する媒質に音波が入射することを考えよう．入射する音波（入射波）の音圧および流体要素速度を $P_1$，$U_1$，反射するもの（反射波）のそれらを $P_1'$，$U_1'$，透過していくもの（透過波）のそれらを $P_2$，$U_2$ と書き表す．入射方向を速度の正の方向に取る．境界面において，次の関係が成り立つ．

$$P_1+P_1'=P_2, \qquad U_1+U_1'=U_2 \qquad (6.25)$$

ここに，$P_1=z_1U_1$，$P_1'=-z_1U_1'$，$P_2=z_2U_2$ の関係を式 (6.25) に代入し，入射波に対する反射波の音圧比，すなわち反射係数 $r$ を求めると，次式のように表される．

$$r=\frac{P_1'}{P_1}=-\frac{U_1'}{U_1}=1-\frac{U_2}{U_1}=\frac{z_2-z_1}{z_2+z_1} \qquad (6.26)$$

この $r$ を用いると，$P_2$ と $P_1$ の関係を次のように表すことができる．

$$P_2=(1+r)P_1 \qquad (6.27)$$

音響エネルギー $J$ は平面波の場合 $J=PU$ と書き表せるので，入射波，反射波，透過波それぞれの音響エネルギーは次のように表される．

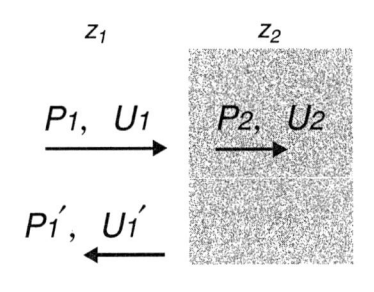

図 6.4 異なる媒質への音波の入射および反射

## 6.4 平面音波

$$J_1 = P_1 U_1 = \frac{P_1^2}{z_1}$$

$$J_1' = P_1' U_1' = \frac{r^2 P_1^2}{z_1} \quad (6.28)$$

$$J_2 = P_2 U_2 = \frac{P_2^2}{z_2} = \frac{(1-r^2) P_1^2}{z_1}$$

ここで，入射波に対する透過波の音響エネルギーの比は透過率（または吸音率）$\alpha$と呼ばれ，次のように表される．

$$\alpha = \frac{J_2}{J_1} = 1 - r^2 = \frac{4 z_1 z_2}{(z_1 + z_2)^2} \quad (6.29)$$

これに対して，入射波に対する反射波の音響エネルギーの比は反射率 $\mathcal{R}$ と呼ばれ，次のように表される．

$$\mathcal{R} = \frac{J_1'}{J_1} = r^2 = \left(\frac{z_2 - z_1}{z_2 + z_1}\right)^2 \quad (6.30)$$

式 (6.30) において，$z_2 \gg z_1$ と $z_2 \ll z_1$ の場合，どちらも $\alpha \fallingdotseq 0$，$\mathcal{R} \fallingdotseq 1$ となり，入射波は反射されることがわかる．これは図 6.5 に示すように開管と閉管で端面において反射が起こることを意味している．なぜ開管で同じ空気の中に音波が放出されるのに，広い空間の音響固有インピーダンスがあたかも 0 であるようにみえるのだろう？　それは，有限の直径の管内を伝搬してきた流体粒子変動（圧力変動）が無限の空間に放出されたとき，質量保存則から体積が無限になるのに対

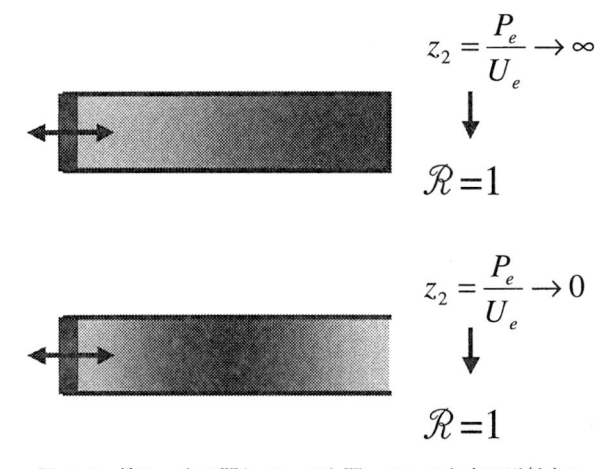

図 6.5　管の一方が閉じていても開いていても音は反射する

応して，密度が無限小すなわち0に近づくと考えられる．したがって，管内からみれば外の空間は密度が非常に小さな空間にみえるのである．

　空気中を伝わってきた音が水面に達したときのことを考えてみよう．空気および水の音響固有インピーダンス $z_a = \rho_a a_a$ および $z_w = \rho_w a_w$ は表1.1からそれぞれ 415 [N·s/m$^3$]，$1.5 \times 10^6$ [N·s/m$^3$] と求まる．なお，ここにおける $z$, $\rho$, $a$ に付けられたサフィックス $a$ および $w$ はそれぞれ空気および水のそれらを表す．ここで，$z_1 = z_a$, $z_2 = z_w$ としてそれぞれを式（6.29）および式（6.30）に代入し透過率および反射率を求めると，$\alpha = 0.0012$，$\mathscr{R} = 0.9988$ となる．すなわち，空気中の音は水面でほとんど反射され，空気中の音の強さの1/1000程度が水中に透過する．この値は小さいようであるが，透過した音の強さはレベルでいえば $-30$ dB であり，元の空気中における音の強さがよほど小さくない限り水中においてもそれを聞くことはできる．

## 6.5　空力音の発生源

### 6.5.1　音　場

　音が発生し，音が伝搬している場を図6.6に示す．音を発生する領域（音源領域 source region）とそこから放射される音が，波動方程式に従って遠くへ伝搬する周囲の領域（波動領域 sound field）とからなる．音源領域の境界上には単極子音源（monopole）が分布し，音源領域から放射される音の特性を決めている．単極子音源の分布を決定しているのは図6.7に示すように音源領域内にある音源要素である．単極子音源の分布により放射特性が表現されると，古典的音響学の取扱いが可能となる．音源要素は必ずしも「音」を発生するものである必要はなく，あくまで音源領域境界面における放射特性を決定するものと位置付けられる．このように考えることによって，流体運動も音源要素として取り扱えるようになり，流体運動を音の発生に結び付けることができる．

### 6.5.2　波動領域

　図6.6に示すように音源領域の代表的寸法を $L$（$S_1$，$S_2$ 間の距離）とする．また，音源領域から放射される音の代表波長を $\lambda$ とする．音源領域の $S_1$ 点から測った距離が $R$ である位置 A において，音を観測するとしよう．A点から見た

## 6.5 空力音の発生源

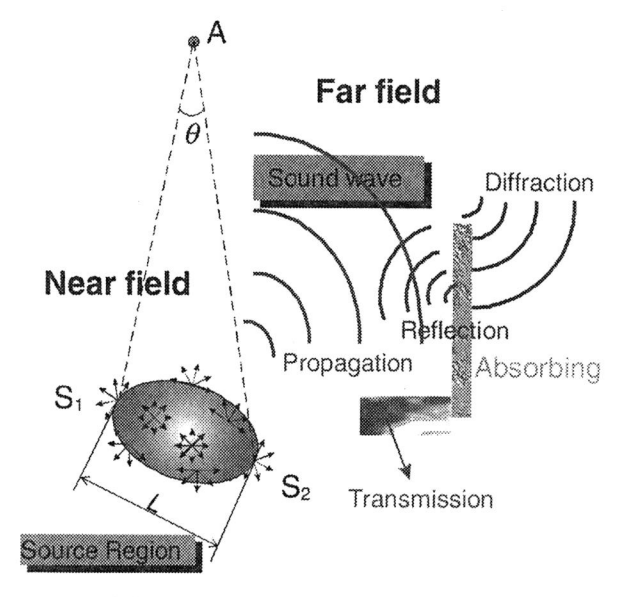

図 6.6 音場. 音源に近い近傍場 (near field) とそれから離れた遠方場 (far field)

音源領域の視角を $\theta$ とすると，$S_1$ から A に音が伝わる距離と $S_2$ から観測点 A に伝わる距離の差は $\theta$ が小さいとき，次式のように表される．

$$L\sin\theta \fallingdotseq L\tan\theta = \frac{L^2}{R} \tag{6.31}$$

$\theta$ が小さいということは，言いかえれば，音源領域が点のように小さくみえるぐらい観測点の位置が遠いということである．このような領域を遠方場 (far field) という．したがって，遠方場からは音源領域内の音源要素はみえず，音源領域から放射される音波だけがみえることになる．

このような遠方場では，微小圧力変動（音）は連続の式および非粘性における運動量保存則によって求められる音速で伝搬する．すなわち，微小圧力変動は波動方程式の解として取り扱えるので，物理学として便利であり，いろいろと考察できるようになる．この領域では，音波の伝搬中の減衰 (attenuation)，壁における反射 (reflection)，塀を音波が回り込んで伝わる回折 (diffraction)，水中への透過 (transmission)，吸音材料による吸音 (absorption)，などが議論される．

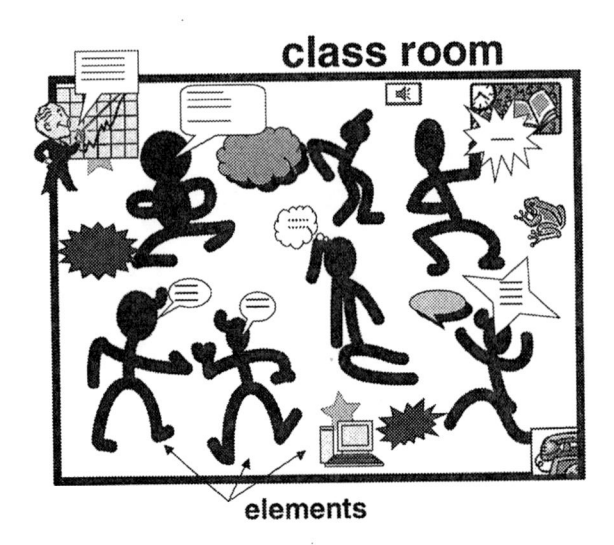

図 6.7 音源を教室にたとえると…

　$AS_1$ と $AS_2$ の距離差が放射音の波長 $\lambda$ に等しくなるとき $R=L^2/\lambda$ と表される．これより A 点が音源領域に近いと，観測される音を解釈する際に，たとえば $S_1$, $S_2$ 点におけるそれぞれの放射特性の違いを考慮しなくてはならなくなり，複雑となる．このような領域を「近傍場 (near field)」という．

### 6.5.3　音源領域

　音源領域は，仮想的な実体のない境界で囲まれた領域である．その境界面から音が放射される．境界面を通した音の放射特性の違いによって，音響学における単極子音源（点音源 point source），双極子音源（2 重極子音源 dipole source），4 重極子音源（quadrupole）などと呼ばれる．どのような放射音の特性をもっていようが，境界面に分布させた単極子音源の分布で表現できる．これが古典的音響学である．境界面における放射特性を決めているのが音源領域内の中身である音源要素である．

　このことを図 6.7 に示すように教室内における騒音発生要素と教室全体における騒音評価にたとえて音源領域を説明しよう．教室が音源領域であり，中にいる学生その他のものが音源要素である．また，音源領域内には多数の音源要素を描いてあるが，それが 1 つであってもよい．その場合，音源要素そのものが音源領

域となる．この教室を遠く離れたところからみると，教室という点から音が出ているようにみえるであろう．このとき，あの教室はうるさいと表現する．教室内の音源要素は小さすぎてみえないから，それがどのようになっているかということは問題にせず，教室という音源から出た音について述べるのが，音響学である．これに対し，流体音響学では音源の構成要素に興味があるのである．

音源要素自身が必ずしも音を発生する必要はない．たとえばA君が起こした行動に対してB君が声を出すことを考えれば，音の発生はA君とB君の相互作用によるものといえる．すなわち，他の構成要素との相互作用または干渉の結果，音源領域境界面において単極子音源の分布で表現できる放射特性を決定するようなものであれば，それらを音源要素と呼べる．また，金属の塊があったとして，それをハンマーでたたくとか周期的に力を加えて振動させることによって音が発生する．この場合，ハンマー自身は音を出さないが音源要素である．

したがって，音源要素は金属のような固体であっても，噴流のように自由空間に噴出される流れという現象であってもよいし，境界層流れのように流れと壁面の干渉であってもよい．さらに，流れを特徴づける「乱れ」とか「渦」が音源要素であってもかまわない．このような考え（音響学的類似 acoustic analogy）で1952年にライトヒル（Lighthill）が流れを音響学でいう音源と結びつけたのである．音源要素が何であれ，この音源領域から音がいったん放射されてしまえば，あとは普通に音の伝搬を扱えばよい．

### 6.5.4　音響学における音源

古典音響学では，図6.6に示したように音源領域の表面における単極子音源の分布によって音源領域の境界面における音の放射特性を表す．以下に基本音源である単極子音源を考えてみよう．

図6.8に示すように半径 $r(t)$ が時間的に増減するように振動する球を考えよう．この球の振動によって発生する音の波長に比べ $r(t)$ は小さいとする．すなわち，

$$r(t) \ll \lambda \tag{6.32}$$

である．また振動の振幅 $dr$ は $r$ に比べて小さいとする．すなわち，

$$\frac{dr}{r} \ll 1 \tag{6.33}$$

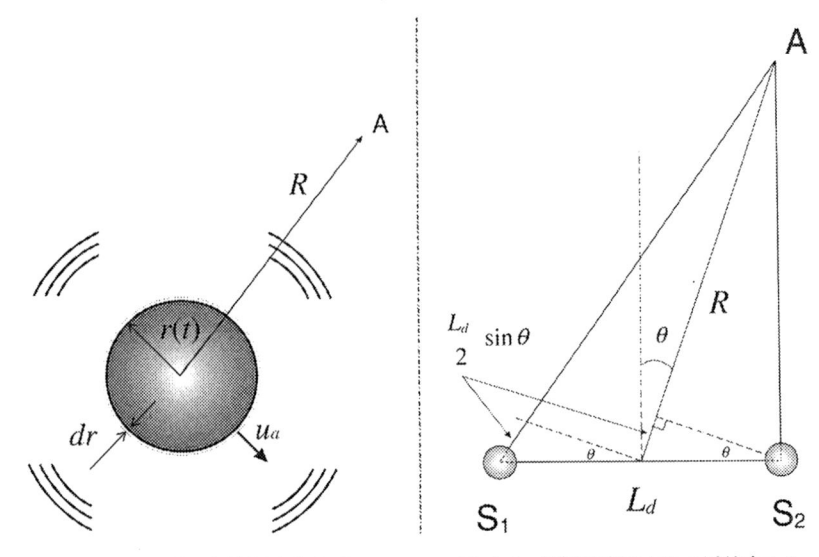

図 6.8　膨張・収縮振動する球

図 6.9　単極子音源が2つ近接すると双極子音源となる

いま，この微小球を取り囲む球面を通過する体積流量を $\dot{Q}(t)$ と表すと，微小球表面の速度は

$$u_a = \frac{\dot{Q}(t)}{4\pi r^2} \tag{6.34}$$

と表される．この微小球の中心から $R$ 離れた点の音圧は次のように表される．

$$\begin{aligned} p'(R,t) &= \frac{\rho_0}{4\pi R} \frac{\partial \dot{Q}(t-R/a)}{\partial t} \\ &= \frac{P_0}{R} e^{j(\omega t - kR)} \end{aligned} \tag{6.35}$$

ここに，$P_0$ は中心から単位の距離における音圧である．また $j$ は虚数単位を表す．実効音圧 $P$ および音の強さ $I$ は

$$P = j\frac{\rho \dot{Q} f}{2R} e^{-jk(R-r)} \tag{6.36}$$

$$I = \frac{\rho \dot{Q}^2 f^2}{4R^2 a} \tag{6.37}$$

と表される．ここに，$f$ は微小球の振動周波数である．波長に比べて半径の小さい球形の音源を単極子音源とか点音源と呼ぶ．

図 6.9 に示すように，式 (6.35) で表される点音源が，ある距離 $L_d$ 離れて 2 つ存在するとき，それらの音源が同振幅，同位相であれば，$R \gg r$ のとき，観測点の音圧は次のように表される．

$$P = 2\frac{P_0}{R} \cos\left(\frac{\pi L_d}{\lambda} \sin\theta\right) e^{j(\omega t - kR)} \tag{6.38}$$

これから，もし，$L_d \ll 1$ ならば点音源と同じであることがわかる．$L_d$ の値によって指向性は複雑である．

一方，2つの点音源が逆位相であるとき，$R \gg r$ のとき，観測点の音圧は次のように表される．

$$P = 2\frac{P_0}{R} j \sin\left(\frac{\pi L_d}{\lambda} \sin\theta\right) e^{j(\omega t - kR)} \tag{6.39}$$

この場合，$\theta = 0°$ 方向には音は放射されないこと，$\theta = 90, 180°$ 方向に強い音が放射されることなどがわかる．

### 6.5.5 流れの中にある物体によって発する音

噴流を除くと，たとえば，円柱まわりの流れ，乱流境界層，ファン，タービンブレードなど，対象とする流れの近傍には物体が存在することが多い．

図 6.10 に示すように，流れの中に固定された物体が存在し，音源の代表寸法 $L$ が発生音の波長に比べて非常に小さいとみなせる場合を考えよう．このとき，$L \ll \lambda$ であり，音源領域はコンパクトであるという．このとき遠方における密度変動は，

$$\rho' \propto \frac{-x_i}{4\pi a^3 x^2} \frac{\partial F_i(t - x/a)}{\partial t} \tag{6.40}$$

と表される．ただし，

$$F_i(t) = -\int_S f_i(\vec{y}, t) \, dS(\vec{y}) \tag{6.41}$$

である．式 (6.40) をカール (Curle) の式という．ここに $\vec{y}$ は物体表面上の位置を表すベクトルである．また $x$ は音源から離れた観測点までの距離を表す．またサフィックスの $i$ は方向を表す．

この場合の音源の放射パワーは次のように表される．

$$W \propto \rho L^2 \frac{U^6}{a^3} \tag{6.42}$$

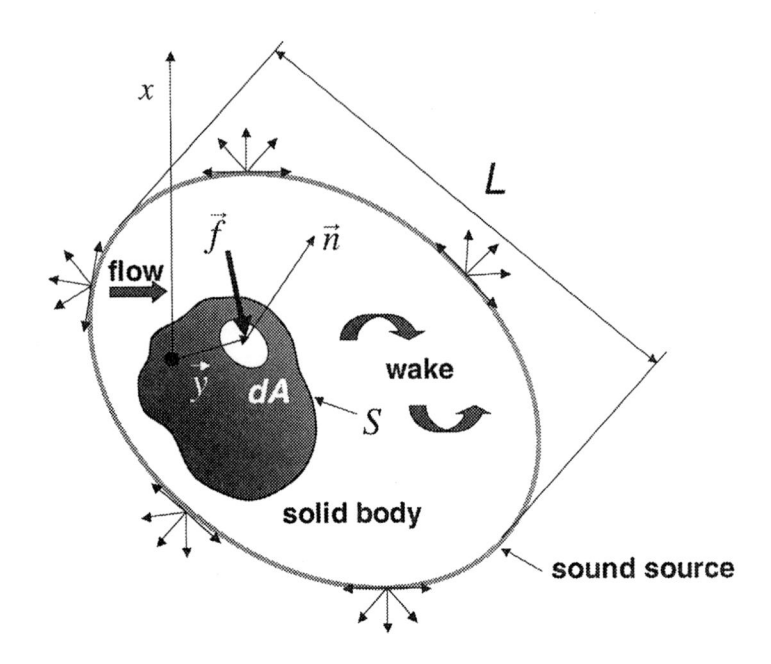

図 6.10 物体まわりの流れが音源要素となる

したがって，流れの中にある静止した物体からは流速の6乗に比例した音が発生することがわかる．

## 6.6 流れと空力音

### 6.6.1 円柱まわりの流れと音

流速 $U$ の一様流中にある直径 $d$ の円柱から発生する音は，8の字型の指向性をもつ双極子音である．この音の周波数 $f$ は円柱からの渦放出周波数に等しく，したがって，

$$f = St \frac{U}{d} \tag{6.43}$$

と表される．ここに，$St$ はストローハル数であり，$4 \times 10^2 < Re < 2 \times 10^5$ においては $St = 0.2$ とみなせる．$Re$ はレイノルズ数であり，$Re = Ud/\nu$ と定義され，慣性力と粘性力の比を表す．$\nu$ は動粘性係数であり，空気では $\nu = 15.15 \times 10^{-6}$

[m²/s] である．たとえば，直径 $d$ が 2 cm の円柱では，$0.3<U<151$ [m/s] の流速範囲にあれば，上記のレイノルズ数範囲に入る．したがって，普通に遭遇する流れではストローハル数は一定の 0.2 という値を取ると考えてよい．$St=0.2$ とすると，先ほどの円柱から発生する音の周波数 $f$ はそのレイノルズ数範囲では $3<f<1510$ [Hz] と見積もられる．

円柱から周期的に渦が放出されることによって，円柱に作用する揚力（円柱に作用する力の流れに対して垂直な方向成分）が変動する．式（6.40）からわかるように，流れの中にある固定された変形しない固体から発生する音は，物体に作用する変動流体力が主な原因となって発生することから，円柱の渦放出に伴う変動流体力の作用が音となって聞こえることがわかる．北風に吹かれる送電線から発生する音はこれが原因である．

音の強さ $I$ は，マッハ数が小さい場合，次のように求められる．

$$I \propto \frac{\rho_0 St^2 L_s l_s U^6 \sin^2\theta}{a^3 R^2} \tag{6.44}$$

ここに，$a$ は音速，$\rho_0$ は空気の密度，$R$ は円柱中心から測った観測点までの距離である．$\theta$ は円柱軸方向に垂直な面内で中心から観測点を結ぶ線を下流方向から測った角度である．$L_s$ は円柱の軸方向長さ，$l_s$ は軸方向の相関長さと呼ばれるものである．この $l_s$ は円柱表面性状および主流の乱れ強さなどによって異なるが，$l_s/D \sim Re^{-0.5}$ であり[1]，おおよそ，$l_s/D=2\sim10$ 程度である．

式（6.44）からわかるように，音の強さは流速の 6 乗に比例する．ここで，音圧レベルを 20 dB 下げるためには，流速をどの程度減速すればよいか見積もってみよう．音圧レベルを 20 dB 下げるためには「音の強さ」を 1/100 にしなければならないから，初期速度を $U_1$，減速後の速度を $U_2$ とすれば，すなわち $(U_2/U_1)^6=1/100$ であるから，これを満足する流速比 $U_2/U_1$ は 0.46 と求められる．したがって，円柱に作用する流速をほぼ半分弱に落とせば，1 桁減音できることになる．

これに対して，相関長さを変化させて減音することを考えてみよう．音の強さは相関長さに比例することから，20 dB 下げるためには相関長さを 1/100 にしなければならないことがわかる．これは結構大変なことである．相関長さは円柱から放出される渦の軸方向長さに相当するから，放出される渦の長さを 1/100 に分断するような工夫が必要である．円周全体につけた溝を軸方向に並べるとか，針

金のようなものを巻くとか，粗さを軸方向に変化させるとか，軸方向に直径が変化するようにテーパ，段差をつけるというようなことが必要である．

　熱交換器内の円管群のように，実際には流れの中に多数の円柱が存在する場合が多い．円柱まわりの流れの相互干渉があるため，単独円柱からの渦放出に起因する周波数の音だけではなく，干渉音が発生したり，逆に音の発生が弱まったりすることがある．たとえば，流れに対して直列に並んだ2円柱では，音の強さが，円柱中心間距離が $4D$ ごとに強くなったり弱くなったりする[2]．また，流れ方向に対して90°に直交する同径の2円柱では単独円柱の音圧レベルに対して25 dB程度渦放出音が弱まる[3]．多数の円管群となるとそれから発生する音のスペクトルには複数の周波数でピークがみられる．流れの詳細を調べないとその発生原因を突き止めにくい．その円管群が熱交換器のような容器内に存在すると，容器の寸法に基づく共鳴が起こることがある．いずれも，事例に応じて流れを把握し，円柱からの渦放出を乱すような対策が必要となる．

### 6.6.2　翼による騒音

　流体機械における騒音を考える際には，どうしても翼による騒音の発生のことを知っておく必要がある．図6.11に示すように，代表寸法 $l$ をもつ乱れがある主流中に，コード長 $c$，スパン長さ $L_s$ という寸法をもつ翼が設置されているとしよう．通常 $l \ll c$ であるので，このとき発生する音の強さは次式のように表さ

図6.11　雲があるところは気流が乱れている．それが翼に作用すると音となる

れる．

$$I \propto \frac{\rho_0 L_s c \bar{v}^2 U^4 \sin^2\theta}{a^3 R^2} \tag{6.45}$$

ここに，$\bar{v}^2$ は主流中における乱れの強さを表し，$y$ 方向速度変動成分の2乗平均値である．もちろん何らかの関係を使って $x$ 方向変動成分に置き換えることも可能である[4]．いずれにしても，主流の乱れが強いほど発生する音の強さは大きくなることがわかる．

このような騒音には，ヘリコプターからパタパタと聞こえる翼-渦干渉音，流体機械におけるグリッドの剝離と動翼の干渉音，などがある．ヘリコプターから聞こえるパタパタ，バタバタという音はよくエンジン音と間違えられるが，式 (6.45) で表されるれっきとした空力音である．回転する先行する翼からの渦が後続の翼と干渉することによって発生する．身近なところでは，送風機の前に取り付けられたグリッドの後流における渦（乱れ）が送風機の翼と干渉して，まさに式 (6.45) で表される音を発生する．

また，流体機械における静翼と動翼間の距離が大きい場合にはこの種の干渉音が発生する．これに対して，静翼と動翼間の距離が短い場合には翼通過に伴う圧力場の変化が音の原因となる．羽枚数と回転数からこの音（NZ音と呼ばれる）の周波数を見積もることができる．

主流中の乱れが無視できる場合でも，低迎角の翼から放出される渦による変動で，ピーキーな音が発生する[4,5]．渦放出に伴う揚力変動が原因と考えられる．翼まわりの流れにおいて自励振動系が形成されるという考えに基づいて得られた発生音の周波数は次式のように与えられる[5]．

$$f = k \frac{U_c}{L_f}\left(1 - \frac{U_c}{a}\right) \quad (k=1, 2, 3, \cdots) \tag{6.46}$$

ここに，$L_f$ は前縁剝離泡の再付着点から後縁までの距離である．また，$U_c$ は $L_f$ 間における渦の移動速度である．

このような低迎角における翼の騒音は後縁からの周期的渦放出が原因であるので，比較的容易に減音対策を講じやすい．前項で述べたような，放出渦の渦軸方向の相関を断ち切るような工夫を施すことが考えられる．また，能動的減音方法として，後縁において渦放出に伴う変動に対して逆位相の変動を与えても減音可能である[6]．

翼が大きな剥離を起こすような場合，騒音レベルは低迎角で大きな剥離を起こしていないときに観測される騒音に比べて小さいことが特徴である．この剥離による音のレベルが速度の6乗に比例することから，壁面圧力変動による双極子音源であることがわかる．このことから，大きな剥離が生じると，剥離泡内の逆流速度が小さいこと，翼表面に生じる圧力変動が小さくなること，などが音の強さが小さくなる理由として考えられる．

大きな剥離を起こした場合，観測される音の発生に最も寄与が大きい圧力変動を生じている翼面上の部分に，そこの圧力変動を抑えるような動作を行うアクチュエータを取り付けて減音した例[7]について以下に述べる．この方法は，式(6.40)において，壁面上の圧力変動をすべて0にすれば音の発生はないという考えに基づくものである．翼表面すべてをそのようなアクチュエータで覆い尽くすことは現実的ではないので，減音に対して最も効果的な位置にのみアクチュエータを設置するのである．したがって，このような減音対策は，翼だけではなくいろいろな場合に用いることが可能である．

### 6.6.3 キャビティ音

回転鋸の回転騒音（鋸歯間がキャビティとみなせる），列車の車両間における連結部や窓枠のくぼみ，車のドア部における隙間などから発生する音がキャビティ音である．図6.12に示すように，上流側の縁から剥離したせん断層が下流側の縁に衝突し，その衝突したことによる圧力変動が上流側に音速で伝わり，剥離点に刺激を与える．これによって剥離による渦放出が衝突の圧力変動に同期し，いわゆる圧力伝搬および渦の移動を介した情報伝達のフィードバックループを形成する．キャビティ音は自励発振音である．

発生音の周波数は$B>D$（浅いキャビティ）であれば，キャビティの深さに関係なく次式で与えられる[8]．

$$f = St \frac{U}{B} \tag{6.47}$$

ここに，

$$St = \frac{\frac{U_c}{U}}{1 + \frac{U_c}{U}\frac{U}{a}} \tag{6.48}$$

図 6.12 車からキャビティ音が発生する

であり，$U_c$ は剥離渦の下流方向への移流速度である．マッハ数が小さければ $St \fallingdotseq U_c/U$ である．$U_c$ が一定であれば，キャビティ音は流速に比例し，幅 $B$ に反比例することがわかる．

　もし，$D > B$（深いキャビティ）であれば，$D/\lambda = fD/a = n/4 (n = 1, 3, 5, \cdots)$ で決まるような定在波に起因する音が生じる．ここに，$\lambda$ は音の波長である．

　音の強さに関しては，共鳴現象も考慮に入れると難しいが，双極子音源であることから，音の強さは流速の 6 乗に比例するものと考えられる．

　キャビティ音は一種の共鳴音であるから，これを減音することはフィードバックループを断ち切ることによって比較的容易に達成できる．その 1 つは，剥離渦を下流の縁に衝突させない工夫である．車のサンルーフなどで用いられるもので，上流側の縁をもち上げ，剥離せん断層を主流側に偏向させるディフレクタがある．また，剥離点付近の 2 次元性を断ち切ることにより，スパン方向（紙面に対して垂直奥行き方向）に位相のそろった渦放出をさせない工夫である．これには，上流の縁にランプ（ramp）を付けるというものがある．また，下流側の縁の角を丸め，渦の衝突を和らげる工夫もなされる．

## 6.6.4 乱流境界層騒音

流れにさらされる物体の表面近くには，図 6.13 に示されるように，主流速度から物体壁面上における速度 0 まで変化する領域（薄い層）がある．これを境界層と呼び第 4 章で述べた．境界層は流体の粘性のために必ず存在し，このため物体には摩擦抵抗が作用する．この境界層における流れの状態が乱流である場合，乱流境界層と呼ばれる．乱れは，壁面のごく近傍でバースト現象（bursting）と呼ばれる（平均流れ方向に軸をもつ）縦渦の出現に伴う一連のイベント（エジェクション ejection，スウィープ sweep）により発生する．乱れによる音圧変動（密度変動）は次式のように表される．

$$p'(\vec{x}, t) = \frac{1}{4\pi a^2} \frac{x_i x_j}{x^3} \int \frac{\partial^2 T_{ij}(\vec{y}, t-R/a)}{\partial t^2} d\vec{y} \tag{6.49}$$

ここに，$T_{ij} = \rho_0 \nu_i \nu_j$ であり，ライトヒル（Lighthill）の乱流応力テンソルと呼ばれる．また，$x_i$, $x_j$ は音源領域内にある座標の原点から測った観測点位置および $\vec{y}$ は物体表面上の位置を表す．この式より，レイノルズ応力の時間変化が音源であることから，乱流境界層の乱れ（レイノルズ応力変動）を発生させるバースト現象が音源要素であると考えられる．

噴流のように，空間に壁面がない場合には，音源要素である乱れそのものが音

図 6.13 車の表面には乱流境界層が存在する

源となるが，境界層のように壁面が存在する場合，それが音源要素のミラーイメージ[8])を作り，せん断応力変動に起因する4重極子音源は8重極子音源に，壁面に垂直に軸をもつ双極子音源は4重極子音源にそれぞれ次数が上がるものが現れる．その結果，マッハ数が小さい場合には，ミラーイメージによって双極子音源として存在できるものが強く観察されることになる．したがって，境界層騒音は必ずしも乱れによる4重極子音源ではなく，双極子音源としての特徴を示す．双極子音源を形成する流れの構造はなにか？ 壁面近くの単独渦および渦対である[8])．このような渦はバースト現象に現れる．

乱流境界層音の周波数はバーストの発生周波数とほぼ一致し，次式で求められる周波数になだらかなスペクトルピークを示す[8])．

$$f = 1.6 \times 10^{-2} \frac{U}{\delta^*} \tag{6.50}$$

ここに，$\delta^*$ は境界層排除厚さである．なお，音の強さは双極子音が際だつことから，主流流速の6乗にほぼ比例するものと考えられる．

バースト現象に伴う流れの制御は，近年，MEMS（Micro-Electro-Mechanical Systems）の適用によりその可能性が開けてきており，乱流騒音低減も不可能ではないと考えられる．

### 6.6.5 噴流騒音

ノズルから空気を高速で大気中に吹き出すことによって噴流は形成される．航空機のジェットエンジンから吹き出される音，コンプレッサに接続したエアガンで削りくずなどを吹き飛ばすときの音，トラックや電車などのエアブレーキの排気音，スプレーで殺虫剤や塗料などを吹き付けるときなどの音，などが噴流音である．

噴流による音は速度変動の相関であるレイノルズ応力の時間変化が音を発生させる．すなわち，乱れが音源となるので，4重極子音源から放射される音として観測され，その音圧変動は式 (6.49) で表される．しかし，図 6.14 に示されるように，ノズル付近（ノズル直径程度の距離を離れた下流まで）ではある周期で渦輪が形成され，それに伴う周波数 $f$ の音が観測される．ノズルからノズル直径の8倍程度下流までの間において噴流音が放射される[8])．そのときの基本周波数は噴流速度の2/3乗に比例する周波数である．このような周波数が際だつ代表

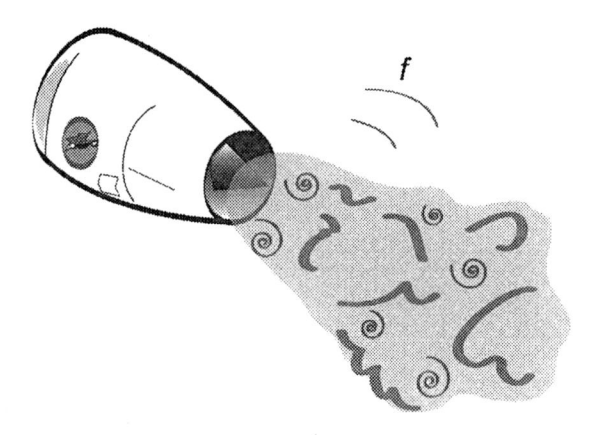

**図 6.14** ジェットエンジンから噴出する流れ（噴流）によって音が発生する

的な噴流音に，口笛がある[8]．この周波数は，唇で作る小孔と口の容積で形成されるヘルムホルツ型共鳴器によって最終的に決定される．しかし，そのもととなる周波数変動は唇から吹き出される噴流で供給される．また，オリフィスから吹き出す噴流による音をホールトーンという．

音の強さは噴流速度の 8 乗に比例するので，この音を減音するには，速度を減少させることが最も効果的である．たとえば，20 dB の減音を達成するには，$(U_2/U_1)^8 = 1/100$ であるから，$U_2/U_1 = 0.562$ と求められる．流速をほぼ半分強に減速すればよいことがわかる．

超音速噴流には衝撃波セルとせん断層の干渉から生じるスクリーチ音が発生する．これは基本的にはフィードバックループを形成する自励発振音である．これを減音するにはノズルにタブと呼ばれる突起を付けたり，能動的にはアクチュエータで噴流の不安定性を刺激したりする．管内オリフィスにそのようなジェットが発生するような場合にはオリフィス直後に多孔質金属[9]を詰めることにより減音できる．

### 6.6.6 水流騒音

水流に関わる音はなんらかの原因で発生した「気泡」の発生・振動・崩壊・消滅・合体が原因である．気泡が水中で形成される場合には，1) 水滴・水膜流や物体などの突入および撹拌による移動物体の後流部分における自由水面から取り

込まれるもの[10]，2) 沸騰，析出のように水中に発生した水蒸気を含む気体部分の一部が閉じて水面や物体壁面から離脱するもの，3) キャビテーション気泡のように飽和水蒸気圧以下に下がった部分に発生するもの，などがある．

　気泡が形成されるときの急激な変形に伴う自己誘起撹乱，水面の揺れ（振動）などによる外的擾乱，などが原因で気泡は振動し，音となる．また，急膨張・急圧縮により強い圧力変動が発生する[11]．振動の形態にはいくつかあるが，膨張・収縮といった振動（0次モードの振動）が基本である．気泡の形状が図6.8に示したような半径 $r_0$ の球であるとし，その半径が $r = r_0 - r_a e^{i\omega t}$ で表される0次モードの振動が起っているとする．その基本周波数 $\omega = 2\pi f$ および気泡から距離 $R$ 離れたところにおける音圧 $p$ は次式のように表される．

$$\omega = \frac{1}{r_0}\sqrt{\frac{3\gamma p_0}{\rho_w} - \frac{2\sigma}{r_0 \rho_w}} \tag{6.51}$$

$$p = \frac{3\gamma p_0 r_a}{\sqrt{2} R} \tag{6.52}$$

ここに，$\rho_w$ は水の密度，$r_a$ は気泡の振動振幅，$\gamma$ は比熱比（空気の場合 $\gamma = 1.4$），$p_0$ は平衡状態における気泡内の圧力（水面近くではほぼ大気圧），$\sigma$ は表面張力（空気に接する水面では $72.75 \times 10^{-3}$ N/m）である．なお，表面張力の影響を無視すれば，周波数 $f$ は気泡の半径 $r$ に反比例することがわかる．すなわち，小さな気泡ほど振動の周波数は高い．たとえば $r = 5$ mm の気泡では657 Hz，1 mm では3282 Hz，0.5 mm では6563 Hz である．

　気泡の混入，相変化を伴う流れなどを含む配管系において，この種の音の発生をおさえることが今後重要となる．とくに空調機器などで，騒音問題としてクローズアップされている．

コラム⑥

## ソニックブーム

　音波，マッハ波，および衝撃波の違いは何であろう．実は，どれも圧力変動を表す波面であるという意味で同じである．ただ，変動の強さが異なる．弱い順番に音波＜マッハ波＜衝撃波である．

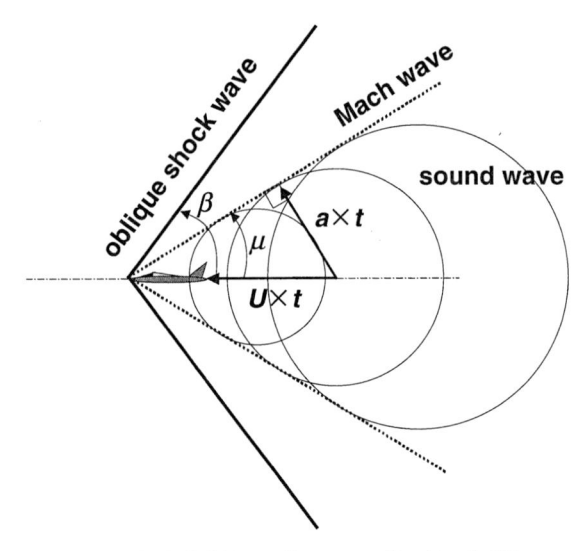

図 1　超音速飛行におけるマッハ波と斜め衝撃波

　航空機によってある擾乱が発生すると，それは音速で音波として周囲に伝わる．しかし，その擾乱源である航空機が音速より速い速度 $U$ で飛行すると，図1に示すように，円状に時間と共に広がる音波面より速く航空機は前方へ進むために，並んだ円の包絡線は航空機の進行方向に対して，ある角度 $\mu$ 傾いた直線となる．この包絡線で表した部分をマッハ波という．その角度は図に示した幾何学的関係から，

$$\sin \mu = \frac{a \times t}{U \times t} = \frac{a}{U} = \frac{1}{M}$$

であるから，

$$\mu = \sin^{-1} \frac{1}{M}$$

となることがわかる．すなわち，マッハ数が大きくなると，$\mu$ は小さくなる．マッハ波における波面は音波の重ね合わせで形成されているので，その面における圧力変化は音波面より大きい．

　これに対し，航空機によって発生する擾乱の内で音波より強いものでは，マッハ波と同様な包絡線に相当する波面では，微小振幅擾乱である音波では無視できた非線形効果が現れ，圧力変化が急峻となる．この波面の下流では圧力および温度が上昇する．この急峻な変化が起こる部分を衝撃波という．進行方向に傾いた衝撃波を斜め衝撃波 (oblique shock wave) という．なお，進行方向に垂直な波面を持つ垂直衝撃波 (normal shock wave) を通過した超音速流れは大きな減速を受け亜音速流れとなるが，垂直衝撃波より弱い斜め衝撃波では，それを通過した流れは超音速流れのままである．

超音速で航行する航空機の近傍では，図に示したように航空機の先端のみならず，様々な部分から発生した衝撃波が存在する．しかしそれらがバラバラに進行するわけではなく，航空機から離れたところ，たとえば地上付近では，それらがアルファベットのNのように急な圧力上昇が2回生じるような圧力変化にまとまってしまう．この圧力変化波形をN波（N wave）と呼んでいる．このN波を地上で音として聞いたとき，その音をソニックブームと呼んでいる．

# 付　表

## 単位換算表

| 量 | 記　号 | 名　称 | 単　位 |
|---|---|---|---|
| 力 | N | ニュートン | kgm/s² |
| 圧力 | Pa | パスカル | N/m² |
| エネルギー | J | ジュール | Nm |
| 仕事率，動力 | W | ワット | J/s |

換算
1 N = 9.8 kgf
1 Pa = 9.8×$10^4$ kgf/cm²
1 W = 735.5 PS

## 無次元数表

| 名　称 | 定　義 | 備　考 |
|---|---|---|
| レイノルズ(Reynolds)数 | $Re \equiv UL/\nu$ | 慣性力と粘性力の比 |
| マッハ(Mach)数 | $M \equiv U/a$ | 流速と音速の比 |
| ウェーバ(Weber)数 | $We \equiv \rho U^2 L/\sigma$ | 動圧と単位面積当りの表面張力の比 |
| ストローハル(Strouhal)数 | $St \equiv fL/U$ | 無次元周波数 |
| フルード(Froude)数 | $Fr \equiv U^2/gL$ | 慣性力と重力の比 |

$U$：代表速度，$L$：代表寸法，$\nu$：動粘性係数，$a$：音速，$\rho$：密度，$\sigma$：表面張力，$f$：周波数，$g$：重力加速度

## SI単位への換算表

| 非SI単位 | SI単位 | 掛ける数 |
|---|---|---|
| foot | m | $3.048 \times 10^{-1}$ |
| inch | m | $2.54 \times 10^{-2}$ |
| mile | m | $1.609 \times 10^3$ |
| N mile (nautical mile) | m | $1.852 \times 10^3$ |
| lbf (pound force) | N | 4.45 |
| slug | kg | $1.459 \times 10$ |
| ps (horse power) | W | $7.353 \times 10^2$ |
| atm (atmosphere) | Pa | $1.013 \times 10^5$ |
| psi (lbf/inch²) | Pa | $6.895 \times 10^3$ |
| liter | m³ | $10^{-3}$ |
| F (Fahrenheit) ($t_f$) | °C ($t_c$) | $t_c = (5/9)(t_f - 32)$ |
| R (Rankine) ($t_R$) | K ($t_K$) | $t_K = (5/9) t_R$ |

# 文　　献

**参考図書**
- 生井武文, 井上雅弘：粘性流体の力学, 理工学社, (1978).
- Munson, B. R., Young, D. F. and Okiishi, T. H.: Fundamentals of Fluid Mechanics, John Wiley & Sons, Inc., (1990).
- 深野　徹：わかりたい人の流体工学 (I), (II), 裳華房, (1994).
- 五十嵐寿一編：音響と振動, 共立出版, (1990).
- 望月　修, 丸田芳幸：流体音工学入門, 朝倉書店, (1996).

**第6章参考文献**
1) 飯田明由, 藤田　肇, 加藤千幸, 高野　靖：空力音の発生機構に関する実験解析, 日本機械学会論文集 (B編), **61**-592 (1995), 4371-4378.
2) 望月　修, 木谷　勝, 鈴木忠司, 新井　敬：直列異径2円柱から発生する渦放出音, 日本機械学会論文集 (B編), **60**-578 (1994), 3223-3229.
3) 丸田芳幸, 鈴木昭次：交差円柱によるカルマン渦音の防止, エバラ時報145号 (1989), 8-15.
4) 深野　徹, タルクダル, A. A., 高津　恭, 高松康生：一様流中に流れに沿って置かれた平板から発生する離散周波数騒音に関する研究, 日本機械学会論文集 (B編), **51**-468 (1985), 2505-2514.
5) 秋下貞夫：一様流中に置かれた翼による騒音, 日本機械学会論文集 (B編), **47**-424 (1981), 2243-2252.
6) 中島伸治, 秋下貞夫：二次元静止翼から発生する離散周波数騒音の研究, 日本機械学会論文集 (B編), **63**-605 (1997), 126-131.
7) Mochizuki, O., Ishikawa, H., Ohkubo, T. and Kiya, M.: Feedback Control of Transient Noise due to Unsteady Separation, AIAA Paper No. 2000-1932, (2000).
8) 望月　修, 丸田芳幸：流体音工学入門, 朝倉書店, (1996).
9) 西村正治, 深津　智：多孔質金属利用低騒音弁の開発, 日本機械学会講演論文集, **910**-50 (1991), 154-156.
10) 佐々木篤史, 望月　修, 木谷　勝：突入水膜流によって発生する音, 流体力学会誌「ながれ」, **18**-6 (1999), 377-386.
11) Mochizuki, O. and Warjito: Noise of Bubbly Flow Through Orifice, Proceedings of 7th International Conference on Flow Induced Vibrations FIV 2000, (2000, 6/19-22), 743-748.

# 索　引

### ●あ 行

圧縮率　14
圧　力　8, 19, 28
圧力勾配　119
圧力ヘッド　102, 106

位置エネルギー　8, 24, 60, 69
位置ヘッド　102
一様流　4

渦　119, 139, 145
渦粘性係数　36
運動エネルギー　8, 15, 29, 33, 58, 60, 68, 119
運動量厚さ　89, 91
運動量積分式　89
運動量方程式　46
運動量保存則　89
運動量流束　47, 50

エネルギー　8
エネルギー保存法則　8
エンタルピー　61, 67
エントロピー　64, 65, 68
遠方場　137

音　128, 131
音の強さ　129
　　──のレベル　130
音圧レベル　129, 143
音響エネルギー　134
音響固有インピーダンス　133, 136
音源パワーレベル　130
音源要素　138
音源領域　136, 138

音　速　11, 12, 71
音　場　136

### ●か 行

可逆過程　58
角運動量方程式　51
角運動量流束　52
ガス定数　131
加速度　126
カルノーサイクル　30
カルマン渦列　84
カルマンの運動量方程式　97
完全気体　59
完全流体　67
管摩擦係数　110, 113, 115, 117
管摩擦損失　108, 122
管　路　4
管路網　121, 124

逆圧力勾配　95
キャビティ音　146
吸音率　135
境界層　5, 88
境界層厚さ　89, 91, 116
境界層流れ　10
境界層排除厚さ　89, 91
近傍場　138

空気抵抗　2, 74
空力騒音　4
クッタ・ジュコフスキーの定理　81
クッタの条件　81
車の燃費　74

形状係数　89

# 索　引

K-H 不安定　97
ケルビンの循環定理　81
ケルビン・ヘルムホルツ型不安定　97
検査体積　42, 43, 47

後　流　5, 97
抗　力　78
抗力係数　80
コード長　10, 77

### ● さ　行

ジェット　2
指数速度分布　112
実質微分　55
質　量　39
質量保存　46
質量保存則　38, 40, 50, 53, 64, 132
質量流量　39, 40, 42
自由せん断層　97
順圧力勾配　96
循　環　81, 85
衝撃波　4
状態方程式　15, 25, 131
助走区間　108

スカイダイビング　99
ストローハル数　84, 142

静　圧　23
静水圧　19, 22
遷　移　9, 10
せん断応力　35, 49, 109
全揚程　55, 103

双極子音源　138
層　流　9, 10
層流境界層　90
速度勾配　92
速度三角形　54
速度ヘッド　102, 106
損　失　64, 66

損失ヘッド　102, 119

### ● た　行

大気圧　19, 22
対数速度分布　89
体積弾性率　13
体積流量　40, 110, 140
縦渦対　119
ダルシー・ワイスバッハの式　110
単極子音源　136, 138, 140
断熱圧縮　30
断熱過程　58
断熱状態変化　30
断熱変化　131
断熱膨張　30

近寄り流れ　4
重複領域　93
直列管路　121

定圧比熱　26
ディフューザ　5, 119
デシベル(dB)　130

動　圧　33, 80
等圧状態変化　26
等エントロピー　16, 58, 67, 68, 72, 131
等温圧縮　31
等温状態変化　29
透過率　135
等感曲線　128
動粘性係数　35
等容状態変化　27
動　力　8, 54, 63, 64, 104
トルク　52

### ● な　行

内部エネルギー　8, 15, 29, 57, 58, 61, 64, 67
内部領域　93
1/7 乗速度分布　90, 117

2次流れ　119
鈍い物体　5, 83

濡れ性　37
濡れぶち　117

熱エネルギー　8, 15
熱力学第1法則　57, 65
粘　性　10, 83
粘性係数　11, 34
粘性底層　93, 114, 116

● は　行

剥　離　5, 6, 81, 83, 90, 97
剥離点　95, 97
バッファー領域　93, 114
波動方程式　13
波動領域　136
羽根車　52, 54
反射率　135

比熱比　15, 131
表面張力　36, 151

フックの法則　13
ブラジウス速度分布　89, 90
ブラジウスの公式　113
プラントルの混合長距離　113
浮　力　23
分岐管　7
噴　流　2, 5, 149

平面音波　133
並列管路　122
壁近傍領域　93
壁法則　93
壁面粗さ　115
壁面せん断応力　94, 111
壁面摩擦応力　109, 110
ヘッド　55
ベルヌーイの式　68

ヘルムホルツの渦定理　81

ホーン（phon）　128
ポンプ　4, 7, 10, 52, 55, 63, 101
ポンプ効率　103, 104

● ま　行

摩擦応力　89
摩擦速度　93, 94
摩擦抵抗　95
摩擦力　34, 49
マッハ数　15, 16, 70, 143

乱　れ　139, 145
密　度　11

ムーディ線図　110, 117

毛細管現象　37
モーメント　52
モーメント係数　80

● や　行

誘導抵抗　88

揚抗比　80
揚　力　2, 78
揚力係数　80
翼　76, 144
よどみ流れ　4

● ら　行

ラウドネス曲線　128
落下速度　99
乱　流　9, 10
乱流境界層　5, 92, 114, 141, 148
乱流領域　93, 114

力学的エネルギー　15, 65, 67
流　管　42
流跡線　17

流　線　6, 16, 40, 70
流線型　5, 6
流　体　2
流体騒音　128
流体粒子　33, 38, 55, 113, 126
流脈線　5, 17

レイノルズ応力　113
レイノルズ数　10, 142
連続の式　132
連続の条件　40

著者略歴

望月 修 (もちづき おさむ)

1954年 東京都に生まれる
1982年 北海道大学大学院工学研究科博士後期課程修了
　　　　名古屋工業大学計測工学科助手
1985年 北海道大学工学部機械工学科講師
1987年 同学科助教授
現　在 東洋大学工学部機能ロボティクス学科教授
　　　　工学博士


図解流体工学　　　　　　　　　　　　　定価はカバーに表示

2002年2月20日　初版第1刷
2016年3月25日　　　第9刷

著　者　望　月　　　修
発行者　朝　倉　誠　造
発行所　株式会社　朝　倉　書　店
　　　　東京都新宿区新小川町6-29
　　　　郵便番号　162-8707
　　　　電　話　03(3260)0141
　　　　FAX　03(3260)0180
　　　　http://www.asakura.co.jp

〈検印省略〉

© 2002〈無断複写・転載を禁ず〉　　　中央印刷・渡辺製本

ISBN 978-4-254-23098-7　C3053　　Printed in Japan

JCOPY 〈(社)出版者著作権管理機構 委託出版物〉

本書の無断複写は著作権法上での例外を除き禁じられています．複写される場合は，そのつど事前に，(社)出版者著作権管理機構(電話03-3513-6969, FAX 03-3513-6979, e-mail: info@jcopy.or.jp)の許諾を得てください．

## 好評の事典・辞典・ハンドブック

|  |  |  |
|---|---|---|
| 物理データ事典 | 日本物理学会 編 | B5判 600頁 |
| 現代物理学ハンドブック | 鈴木増雄ほか 訳 | A5判 448頁 |
| 物理学大事典 | 鈴木増雄ほか 編 | B5判 896頁 |
| 統計物理学ハンドブック | 鈴木増雄ほか 訳 | A5判 608頁 |
| 素粒子物理学ハンドブック | 山田作衛ほか 編 | A5判 688頁 |
| 超伝導ハンドブック | 福山秀敏ほか 編 | A5判 328頁 |
| 化学測定の事典 | 梅澤喜夫 編 | A5判 352頁 |
| 炭素の事典 | 伊与田正彦ほか 編 | A5判 660頁 |
| 元素大百科事典 | 渡辺 正 監訳 | B5判 712頁 |
| ガラスの百科事典 | 作花済夫ほか 編 | A5判 696頁 |
| セラミックスの事典 | 山村 博ほか 監修 | A5判 496頁 |
| 高分子分析ハンドブック | 高分子分析研究懇談会 編 | B5判 1268頁 |
| エネルギーの事典 | 日本エネルギー学会 編 | B5判 768頁 |
| モータの事典 | 曽根 悟ほか 編 | B5判 520頁 |
| 電子物性・材料の事典 | 森泉豊栄ほか 編 | A5判 696頁 |
| 電子材料ハンドブック | 木村忠正ほか 編 | B5判 1012頁 |
| 計算力学ハンドブック | 矢川元基ほか 編 | B5判 680頁 |
| コンクリート工学ハンドブック | 小柳 洽ほか 編 | B5判 1536頁 |
| 測量工学ハンドブック | 村井俊治 編 | B5判 544頁 |
| 建築設備ハンドブック | 紀谷文樹ほか 編 | B5判 948頁 |
| 建築大百科事典 | 長澤 泰ほか 編 | B5判 720頁 |

価格・概要等は小社ホームページをご覧ください．